DAS GEHEIMNIS WANDLUNGSFÄHIGER UNTERNEHMEN

TRANS
YO
WORK

FORM
UR
FORCE

INHALT

7 Radikal neu, radikal anders_Einleitung
Benedikt von Kettler

41 Mit 58 000 Mitarbeiter*innen auf Technologiereise
Dietmar Eidens_Chief HR Officer, Merck Group

73 Magenta im Blut – die **Sustainable Workforce**
Birgit Bohle_Vorstandsmitglied Personal und Recht, Arbeitsdirektorin Deutsche Telekom AG

111 Zu wenig Innovationsfreude in Deutschland
Simone Menne_Interview mit Simone Menne, Aufsichtsrätin von BMW und Deutsche Post DHL

133 »Die Zukunft wird flexibler sein – und virtueller«
Dr. Immanuel Hermreck_Personalvorstand der Bertelsmann SE & Co. KGaA

167 Next Level EnBW
Dr. Frank Mastiaux_Vorstandsvorsitzender der EnBW Energie Baden-Württemberg AG
Colette Rückert-Hennen_Personalvorständin und Arbeitsdirektorin

189 Ohne Workforce Transformation keine Transformation_Fazit
Benedikt von Kettler

205 Danksagung

Für Paula, Helena und Emily.
Und für alle, die in 20 Jahren erwachsen sind.
Wir verantworten ihre Zukunft.

Radikal neu, radikal anders
Einleitung

Benedikt von Kettler ist einer der Gründer und Managing Partner von HUMAN. Brand eins *bezeichnet HUMAN als »die Berater für die Neue Arbeitswelt«. Das Unternehmen begleitet Transformations- und Strategieprozesse und ist spezialisiert auf Workforce Transformation und New Work. Zu den Kunden zählen über 50 Unternehmen, unter anderem adidas, Bayer, BMW, Freudenberg, KUKA, Nestlé, Schaeffler, Siemens, Wittenstein und öffentliche Institutionen wie die Deutsche Bundesbank oder die Max-Planck-Gesellschaft. Benedikt von Kettler ist überzeugt: Die Transformation von Unternehmen gelingt nur, wenn die Workforce gleichermaßen »mittransformiert« wird. Mit dieser Überzeugung hat er vor drei Jahren den Future Workforce Summit ins Leben gerufen, auf dem sich jährlich 120 Vorstände und HR-Verantwortliche zu genau diesem Thema austauschen, vernetzen, Erkenntnisse und Handlungsimpulse gewinnen.*
Er ist Autor des Standardwerks Strategische Personalplanung.

Benedikt von Kettler

Gründer und Managing Partner von HUMAN

Dieses Buch in der Hand haltend, dürfte sich der eine oder die andere fragen, ob der Titel nicht einer gewissen marktschreierischen Übertreibung geschuldet ist. »Transform Your Workforce. Das Geheimnis wandlungsfähiger Unternehmen.« Ja, das hört sich tatsächlich einigermaßen alarmistisch an, entspricht aber genau den tiefgreifenden Umwälzungen, mit denen sich die – nicht nur deutsche – Wirtschaft schon seit längerem konfrontiert sieht. In meiner Beraterpraxis erlebe ich immer wieder, wie Unternehmensmanager und ihre Mitarbeiter zwar durchaus sehen und erleben, wie sich neue technologische Entwicklungen in ungeheurem Tempo Bahn brechen und unser aller Leben, Arbeiten und Konsumverhalten nachhaltig beeinflussen und verändern. Aber dass ebendiese Entwicklungen – Digitalisierung, Automatisierung, Roboterisierung, künstliche Intelligenz – ihre traditionsreichen Geschäftsmodelle, ihre angestammten, langjährigen Arbeitsverhältnisse mit voller Wucht über den Haufen werfen können, das ist vielen noch durchaus nicht voll bewusst. Bisher ist ja alles ganz gut gelaufen, hat ja noch Zeit mit den früher oder später unvermeidbaren Veränderungsprozessen, kommt alles noch früh genug. So beruhigt man sich vielerorts erst einmal selbst, um herbe, einschneidende, manchmal auch schmerzhafte Anpassungsschritte noch etwas vor sich herzuschieben. Bis es dann zu spät ist – und es kann nicht erst morgen, sondern schon heute zu spät sein für den Weiterbestand Ihres Unternehmens in der Zukunft. Andererseits sehe ich auch viele Firmen, die sich zukunftsweisenden Digitalisierungsstrategien verschrieben haben, aber diese Strategie nicht zu Ende denken. Das berührt nun mein ureigenstes Tätigkeitsfeld, die strategische Personalplanung. Keine Digitalisierungsstrategie, keine Transformation ohne entsprechende vorausschauende Workforce Transformation! Wer seine Geschäftsprozesse an die neuen technologischen Möglichkeiten anpassen will, der muss auch wissen, welches Personal mit ganz anderen und im Unternehmen zum Teil noch gar nicht vorhandenen Qualifikationen er dazu braucht.

Verstehen Sie dieses Buch also als eine Art Weckruf, um Ihnen die Radikalität und Relevanz der gegenwärtigen Umwälzungen in Wirtschaft und Gesellschaft vor Augen zu führen. Das, was passiert, erscheint vielen noch als eher virtuelles, abstraktes Geschehen, noch weit weg vom aktuell von jedem Einzelnen zu meisternden Alltag. Aber wir alle befinden uns schon längst mittendrin in diesen Disruptionsprozesse und der Wandel betrifft uns bis auf wenige Ausnahmen auch alle. Und auch wenn einige Unternehmen die Brisanz erkannt haben: Zwischen Erkennen und Handeln liegt der alles entscheidende Unterschied.

Die Einschläge kommen näher

Unübersehbar ist, dass die deutsche Industrie mitten in einem tiefgreifenden Strukturwandel steckt, und die für die Öffentlichkeit wahrnehmbaren Einschläge kommen fast schon täglich näher. Nur ein paar Beispiele aus 2019, als die Corona-Pandemie noch nicht die globale Wirtschaft in weiten Teilen zusätzlich hat einbrechen lassen: Continental plant, 20 000 Stellen zu streichen, die Deutsche Bank rund 18 000, auch bei Siemens sollen mehr als 10 000 Stellen wegfallen, ThyssenKrupp,

Schaeffler, BASF und viele weitere Unternehmen werden Jobs reduzieren. Sind das die altbekannten Rasenmäher-Methoden beim Stellenabbau, diesmal dem Handelskrieg, schwächerem Wachstum in Schwellenländern oder der Digitalisierung geschuldet, oder handelt es sich um wirklich durchdachte, weitsichtige Personalstrategien? Und wie gestalten und steuern wir den Strukturwandel überhaupt?

Denn gleichzeitig entstehen in den meisten Unternehmen neue Jobs. Allerdings mit völlig anderen Qualifikationsanforderungen. Dieser Skillshift wird Millionen Menschen in Deutschland betreffen und gleichzeitig in vielen Fällen ein Skill-Mismatch sein. Jede vierte Frau und jeder dritte Mann muss bis 2030 in neue Berufsfelder eingearbeitet werden oder sich weiterbilden, wie eine Studie des Stifterverbands für die Deutsche Wissenschaft aus dem Jahre 2018 es voraussieht. Zudem ergänzt Technologie menschliche Arbeit oder ersetzt sie in immer mehr Bereichen sogar komplett. Neun Millionen bestehender Jobs können bis 2030 aufgrund von Automatisierung wegfallen, gleichzeitig bis zu zehn Millionen Jobs aufgrund des technologischen Fortschritts, des damit einhergehenden Wachstums und demografischer Faktoren neu entstehen, wie das McKinsey Global Institute prognostiziert. Es ist nicht nur eine der größten Veränderungen industrieller Wertschöpfung, sondern auch die größte und schnellste Veränderung der Arbeitswelt. Wie gehen Unternehmen damit um? Stehen wir vor Massenentlassungen, oder sind Personalstrukturen am Ende adaptiver, als wir glauben? Wie analysieren Unternehmen, welche Veränderungen sie wann treffen? Und mit welchen Maßnahmen? Darauf soll das Buch Antworten aus der Praxis liefern.

Es irrt der Mensch, solang er wirtschaftet

Bevor wir richtig einsteigen, vielleicht noch einige Beispiele aus der Wirtschaftsgeschichte für diejenigen, die möglicherweise meinen, dieser ganze Hype um Digitalisierung und ihre Begleiterscheinungen sei ja nun doch noch nicht so richtig ernst zu nehmen, es handele sich möglicherweise nur um einen vorübergehenden Trend oder das Ganze ließe sich ganz einfach aufhalten oder stoppen. Technologie- und Innovationsfeindlichkeit durchzieht ja die gesamte Wirtschaftsgeschichte.

Hier nur ein prominentes Beispiel aus dem 16. Jahrhundert: Der Legende nach verweigerte damals Königin Elisabeth I. dem britischen Erfinder William Lee das Patent für eine automatische Strickvorrichtung: »Ich habe zu viel Achtung vor den armen Frauen, die ihr tägliches Brot durch Stricken verdienen, um eine Erfindung voranzutreiben, die sie ihrer Beschäftigung berauben und in die Armut treiben würde.«

Oder der deutsche Kaiser Wilhelm II. anno 1904. In einem Mercedes Simplex sitzend, sagte er: »Das Auto hat keine Zukunft. Ich setze auf das Pferd.« Und Gottlieb Daimler 1901: »Die weltweite Nachfrage nach Kraftfahrzeugen wird eine Million nicht überschreiten – alleine schon aus Mangel an verfügbaren Chauffeuren.« Harry M. Warner, Chef von Warner Brothers, 1927 zum Tonfilm: »Wer zum Teufel, will denn Schauspieler sprechen hören?« Darryl F. Zanuck, Chef der Filmgesellschaft 20th Century-Fox, konstatierte noch 1946: »Der Fernseher wird sich auf dem Markt nicht durchsetzen. Die Menschen werden sehr bald müde sein, jeden Abend auf eine Sperrholzkiste zu starren.« Ebenso kurzsichtig ausgerechnet Thomas Watson,

CEO von IBM anno 1943: »Ich denke, dass es einen Weltmarkt für vielleicht fünf Computer gibt.« »Das Internet wird wie eine spektakuläre Supernova im Jahr 1996 in einem katastrophalen Kollaps untergehen.« Diese ganz offensichtlich falsche Vorhersage stammt ausgerechnet von Robert Metcalfe, dem Gründer von 3Com und Erfinder der Ethernet-Verbindung, die heute der Standard für kabelbasierte Netzwerke ist.

Und noch ein letztes, sehr schönes Zitat von Charles H. Duell, Bevollmächtigter des amerikanischen Patentamts, der 1899 zu Protokoll gab: »Alles, was erfunden werden kann, ist bereits erfunden.«

Es irrt der Mensch offensichtlich, solang er lebt und wirtschaftet. Lassen Sie mich also daraufhin zunächst die beiden Kernbegriffe des Titels – »Transform« und »Workforce« – und die hinter ihnen stehenden Zusammenhänge sowie die daraus resultierenden notwendigen Anpassungen genauer beleuchten.

Transform

Das Tempo, mit dem sich Unternehmen transformieren, ist atemberaubend. Disruptionen dieses Ausmaßes und in dieser Geschwindigkeit gab es niemals zuvor. Um das zu erkennen, brauchte es nicht erst eine Corona-Pandemie, aber durch diese globale Covid-19-Krise erleben wir hautnah, wie disruptive Prozesse verlaufen. Fast über Nacht war möglich geworden, was davor unmöglich schien oder als Option aus verschiedensten Gründen verworfen wurde: Massenhaftes Arbeiten aus dem Homeoffice und nicht in gewohnter Präsenz am Firmenarbeitsplatz; konzentrierte Meetings per Video und

nicht in Konferenzräumen, zu denen es erst einmal zeitaufwendig reisen hieß. Weite Wirtschaftszweige ließen und lassen sich inzwischen virtuell, also digital steuern.
Aber nicht nur ein heimtückisches Virus, eine Vielzahl neuer Technologien sorgt für die größte Transformation in 150 Jahren Wirtschaftsgeschichte, durch die sich Unternehmen so stark verändern wie nie zuvor. Manche Leser könnten an dieser Stelle einwenden: Na und? Transformationen der Wirtschaft hat es seit Anbeginn gegeben – von der Mechanisierung des Handwerks im 18. Jahrhundert über die Dampfmaschine, die Elektrifizierung und die Fließband-Massenfertigung bis zur Automatisierung und zur Datenverarbeitung mittels Computer zur sogenannten Industrie 4.0.

Hochgeschwindigkeitsdisruption

Das ist natürlich richtig. Aber: Bis solche Basistechnologien nach ihrer Erfindung ganze Wirtschaftszweige verändert hatten, dauerte es früher einige Jahrzehnte. Heute haben wir es mit einer so rasanten wie exponentiellen Entwicklung zu tun, zumal eine ganze Reihe solcher technischen Entwicklungen derzeit parallel verlaufen und so viele Branchen gleichzeitig betreffen. Die Begriffe, die sich um diese Hochgeschwindigkeitsdisruptionen ranken, sind weithin bekannt: künstliche Intelligenz, 3-D-Druck, Big Data und Cloud Computing, Internet der Dinge, roboterisierte Prozessautomatisation zum Beispiel. Jeder kann jeden Tag lesen, dass sich etwa die Automobilindustrie rund eineinhalb Jahrhunderte nach der Erfindung dieses von Verbrennermotoren angetriebenen Vehikels radikal neu erfinden muss in Richtung Elektroantriebe, selbstfahrender Autos und hin zu neuen Mobilitätskonzepten wie Carsharing jenseits des persönlichen Besitzes eines Pkw. Und Volkmar Denner, seit 2012 Vorstandschef des traditionell weltgrößten Automobilzulieferers Bosch, beschleunigt seither den Umbau des Konzerns in Richtung Softwareentwicklung und künstliche Intelligenz. Statt wie bisher und jahrzehntelang führend bei Dieseleinspritzpumpen will Bosch führend bei der vernetzten, intelligenten, softwaregetriebenen Automobilität werden. Ein gewaltiger Schritt auch für das schwäbische Stiftungsunternehmen mit fast 400 000 Mitarbeitern.

Wichtig ist zu verstehen, dass diese Technologiedurchbrüche keine einfachen »Add-ons« bestehender Produkte sind, sondern neue Branchen entstehen lassen und gleichzeitig etablierte Branchen wegfegen. Und dass Deutschland bisher in keiner dieser Technologien führend ist.

Schlüsselindustrien im digitalen Sturm

Nicht nur Deutschlands Vorzeigebranche Automobil ist betroffen, über sämtliche Schlüsselindustrien fegt der digitale Sturm hinweg. Seit zehn Jahren müssen sich die ehemals mächtigen Energiekonzerne auf neue Geschäftsmodelle hin zu dezentraler Versorgung mit erneuerbaren Energien umorientieren oder sich auch mit neuen Geschäften vom digital vernetzten »Smart Home« bis zu Ladesäulen für Elektroautos befassen.

Einzel- und Großhandel müssen sich mit den rasanten Wachstumsraten der E-Commerce-Unternehmen wie Amazon und ihren eigenen Gegenstrategien auseinandersetzen, Banken und Versicherungen brauchen zunehmend weniger Filialen oder Vertriebsleute, weil viele dieser Geschäfte längst online erledigt werden können. Gar nicht zu reden davon, dass Bank- und Versicherungsleistungen inzwischen auch erfolgreich von Start-ups angeboten werden und den alten Traditionshäusern Marktanteile abspenstig machen. Die Liste betroffener Branchen ließe sich beliebig fortsetzen. Kurz: Alte und traditionsreiche Industrien werden disruptiert und verändern sich grundlegend beziehungsweise müssen sich grundlegend verändern, wollen sie auch in Zukunft bestehen. Aber noch längst nicht alle haben den Schuss bereits gehört.

Wohin die Reise schon seit längerem geht, wird signifikant deutlich an der Liste der zehn wertvollsten Unternehmen der Welt. 2008 befand sich nur ein einziges Softwareunternehmen, nämlich Microsoft, darunter; unter den restlichen neun firmierten altbekannte Unternehmen wie Exxon, Shell, Walmart oder Pfizer. 2020 hingegen, nur zwölf Jahre später, standen auf der Top-Ten-Liste nur noch drei Traditionalisten: Saudi Aramco, Johnson & Johnson und Berkshire Hathaway. Die übrigen sieben? Die sozusagen inzwischen »üblichen Verdächtigen«: Apple, Facebook, Amazon, Alphabet alias Google, Alibaba, Tencent und nach wie vor Microsoft.

Wenn wir den Blick nur auf die 30 im Deutschen Aktienindex gelisteten Unternehmen verengen, so befindet sich inzwischen mehr als die Hälfte davon in radikaler Neuorientierung, quer über die Branchen Energie, Banken und Versicherungen, Automobil und andere Industrien hinweg. Die Veränderungsintensität ist immens und der Überlebenskampf für manche hart – auch ohne die noch gar nicht eingepreiste Corona-Pandemie, die zum Beispiel den ehemaligen DAX-Wert Lufthansa zu Boden geworfen und inzwischen aus dem Index katapultiert hat.

Die Veränderungsdynamik hat, wie gesagt, sämtliche Schlüsselindustrien erfasst. Um noch einmal kurz auf das Beispiel *Automobilindustrie* zurückzukommen: Sie befindet sich seit der Erfindung des Carl Benz anno 1886 und als jahrzehntelange Leitindustrie der deutschen Wirtschaft im größten Umbruch ihrer Geschichte. Neue Spielregeln und neue Wettbewerber wie etwa Tesla oder Google verlangen ganz neue Geschäftsstrategien. Wie sehr, das verdeutlicht unter anderem eine Studie von Volkswagen zusammen mit dem Softwareunternehmen Microsoft aus dem Jahre 2019.

Danach werden bis 2030
— 100 Prozent aller neuen Autos vernetzt fahren, heute sind es 25 Prozent,
— 15 Prozent aller neuen Autos voll autonom fahren,
— 30 Prozent aller global gefahrenen Kilometer über Mobilitätsangebote ohne eigenen Autobesitz gefahren.
— Bis 2025 werden 25 Prozent aller neu zugelassenen Fahrzeuge elektrisch angetrieben sein, in China und in Indien dann sogar 100 Prozent (was fast nicht zu glauben ist).

Nicht von ungefähr äußert die BMW-Aufsichtsrätin Simone Menne in diesem Buch (Seite 111) sehr deutlich: »Ich würde sagen, dass sich ein Autohersteller wie BMW mehr in Richtung Software bewegen müsste, in Richtung KI und Technologie,

anstatt Fahrer durch die Welt zu schicken.« Und nicht von ungefähr investiert Volkswagen 73 Milliarden Euro in neue Antriebsformen und softwaregesteuerte Betriebssysteme.
Und Stand August 2020 ist die Marktkapitalisierung von Tesla höher als die aller Autohersteller in Europa und Amerika sowie eine Reihe von japanischen Produzenten zusammen. Dazu zählen unsere deutschen Top drei: VW, Daimler, BMW, aber auch Ford, GM, Fiat Chrysler, Honda, Suzuki, Peugeot, Renault und noch mehrere andere Produzenten.

Beispiel Banken und Versicherungen. »Banking is necessary. Banks are not.« Dieses Zitat von Bill Gates aus dem Jahr 1994 wird immer mehr zur Realität – zumindest was das Geschäft mit privaten Kunden angeht. Was heute unter den Begriffen »Roboadvisor« oder »Fintech« bekannt ist, wird spätestens dann zur existenziellen Bedrohung, wenn große Player wie Google, Apple oder Amazon digitale Bankingangebote an den Markt bringen. Die bisherige Reaktion mit Personalabbau, Filialschließungen und Standardisierung des Angebots wird vermutlich nicht mehr ausreichen. Die ING kooperiert bereits mit dem Roboadvisor Scalable aus München. Und auch wenn N26 oder Revolut noch vergleichsweise klein wirken, zeigen sie zumindest beeindruckende Wachstumsraten. Auch die Versicherungen stehen vor einer ziemlichen Evolution, um es milde auszudrücken: Vergleichsportale und damit deutlich höhere Markttransparenz haben den Kampf um den Kunden verändert. Kollege KI ersetzt auch hier immer mehr Tätigkeiten von der Schadensabschätzung bis zur Zahlungsauslösung. Neue Wettbewerber kämpfen zwar mit hohen Markteintrittsbarrieren, dennoch: Amazon zeigt in den USA Ambitionen zum Aufbau einer Krankenversicherung und investiert in Indien in einen Onlineversicherer. Und auch die Kooperationsbereitschaft wächst, wie das Beispiel von Axa mit Uber und Alibaba zeigt. Im Fazit sind es auch hier wieder die Themen Workforce und Talente, die essenziell für das Gelingen der Transformation sein werden. Wer jetzt nicht konsequent Substituierbarkeitspotenziale hebt, eine wirklich disruptive Talentgruppe aufbaut und sich Digitalisierungs- und IT-Experten weltweit sichert, wird diese Transformation voraussichtlich nicht bewältigen.

Beispiel Energieversorgung. Welche immensen Veränderungsschritte der Branche seit der Energiewende ins Haus standen und weiter stehen, verdeutlichen Vorstandschef Frank Mastiaux und die personalverantwortliche Vorstandsfrau Colette Rückert-Hennen in diesem Buch für das baden-württembergische Energieunternehmen EnBW. Neben dem massiven Ausbau in erneuerbare Energien und die Marktführerschaft bei Schnellladesäulen hat sich das Karlsruher Unternehmen als dritte Wachstumssäule für neue Geschäftsmodelle das Geschäftsfeld urbane Infrastruktur auf die Zukunftsagenda gesetzt, das Themen wie Sicherheit auf öffentlichen Plätzen, Cybersecurity oder nachhaltige Quartiersentwicklung umfasst. Dabei geht es vorzugsweise um die Frage, solche für das moderne urbane Zusammenleben unverzichtbaren Systeme bestmöglich zu managen und anzuwenden – von der Energieversorgung über Mobilitätssteuerung bis zur Straßenbeleuchtung, wo die unterschiedlichen Infrastrukturen jeweils optimal ineinandergreifen müssen. Es waren Riesenschritte, die Energieversorger wie auch EnBW zu unternehmen hatten, seit sie es nicht mehr wie viele Jahrzehnte lang mit einem sehr übersichtlichen und recht einfachen Geschäftsmodell zu tun hatten, nämlich Strom mit Kernkraft und Kohle erzeugen und ihn zentral an die Kunden zu liefern.

Beispiel Telekommunikation. Weltweit herrscht in der Telekommunikationsbranche schon seit vielen Jahren ein enormer Digitalisierungsschub, der im Zuge der Corona-Krise noch einmal an Dynamik zugenommen hat. Die Nutzer erwarten problemlosen Internetzugang überall, haben erhöhte Anforderungen an Übertragungsgeschwindigkeiten, entfalten größeren Datenhunger sowohl im Festnetz als auch auf den mobilen Geräten. Und das alles getriggert durch intensivere Nutzung vorhandener Anwendungen und Erwartungen an leistungsfähige Infrastruktur wie etwa 5G-Netze oder Glasfaserkabel. Dazu kommt ein zunehmend stärkeres Bedürfnis nach Sicherheit der Daten und der Netze, da auch die Gefährdung durch Cyberangriffe auf Daten und Netze gestiegen ist und weiter steigen wird. Das heißt für die Unternehmen: besseres Kundenverständnis, Bereitstellen optimaler Netze, Einschlagen nachhaltiger Wachstumspfade, Kostenführerschaft, ohne dabei ihren Status als High-Performance-Organisation zu gefährden. Oder, wie es Birgit Bohle, Personalvorständin der deutschen Telekom in diesem Buch sagt (Seite 73): »Kein Kunde bezahlt für ineffiziente Prozesse. Wir sind darauf angewiesen, ständig effizienter und schlanker zu werden, auch durch Digitalisieren und Automatisieren. Unser Anspruch lautet: Wir wollen ›The

Leading European Telco‹ sein. Das erfordert unternehmensintern sowohl eine konsequente Humanzentrierung wie auch eine Führungsrolle bei der Digitalisierung des eigenen Geschäftsmodells.«

Beispiel Logistik. Mit den enormen Wachstumsgeschwindigkeiten des Onlinehandels wachsen ebenso die Anforderungen an Logistikunternehmen wie die Deutsche Post DHL oder an Speditionen, die den Gütertransport zu den Auslieferungslagern bewerkstelligen. Die Deutsche Post DHL etwa hat sich in den vergangenen 30 Jahren geräuschlos und erfolgreich von einer nationalen Behörde zu einem Weltkonzern gewandelt. Aber auch bei der Post mit ihren heute 550 000 Mitarbeitern schreitet die Automatisierung inzwischen weiter voran. So sagt Thomas Ogilvie, Personalvorstand des Unternehmens: »In unserem Konzern gibt es über 1 000 verschiedene Jobprofile. Bis 2030 gehen wir davon aus, dass 30 bis 35 Prozent aller Tätigkeiten automatisiert werden können. Wir glauben trotzdem fest daran, dass auch in 30 Jahren der überwiegende Teil unserer Wertschöpfung durch Menschen erbracht werden wird. Es wird Tätigkeiten geben, die sich nicht nur graduell, sondern signifikant verändern werden. Wir haben angefangen, die Jobs, bei denen wir die größten Veränderungen erwarten, auf die heute und morgen benötigten Skills zu analysieren, um so langfristig Personalentwicklung betreiben zu können. Es geht nicht darum, dass jeder ein IT-Spezialist wird, sondern es geht darum, offen für Veränderungen und neugierig aufs Lernen zu sein. Wir glauben daher nicht, dass es Digitalisierungsopfer geben wird. Die Technologisierung ist vielmehr eine große

Chance für eine Entlastung bei der Arbeit und für höhere Produktivität.« Und diese Technologisierung begann bei der Post schon bei den Briefsortiermaschienen, die vor 20 Jahren Einzug hielten, und endet wohl auch noch nicht bei Drohnen, die in Kürze Zustelldienste übernehmen könnten.

Wie auch unsere anderen Gesprächspartner in diesem Buch bestätigen werden – Deutsche Telekom, Merck, EnBW, Bertelsmann und Aufsichtsrätin Simone Menne –, ergeben sich durch die digitalen Technologien enorme Potenziale für die Entlastung der herkömmlichen, eher mühseligen menschlichen Arbeitskraft (wie im Übrigen bei Einführung jeder neuen Basistechnologie in der Wirtschaftsgeschichte), aber es gibt auch enorme Herausforderungen, ebendiese Menschen für neue Tätigkeitsprofile zu begeistern, sie mitzunehmen, umzuqualifizieren und obendrein neue, bisher noch nicht im Unternehmen vorhandene Arbeitskräfte mit speziellen Qualifikationen beizeiten zu rekrutieren.

Wir haben viel über Technologie als wichtigsten Treiber der Transformation gesprochen. Das ist richtig. Aber er wird begleitet von

— völlig neuen Geschäftsmodellen – Abomodelle (Netflix), Pay per Use (Carsharing), Peer to Peer (Umgehen eines Zwischenhändlers) usw.

— der Disruption von Märkten – die Beispiele kennen wir alle. YouTube und Netflix gegen lineares Fernsehen, Airbnb gegen Hilton, Amazon gegen den Einzelhandel. Clayton Christensen, Autor des Bestsellers *The Innovators Dilemma*, fasst es so zusammen: »Disruptoren sind nicht einfach nur Wettbewerber.

Sie betreten nicht einen bestehenden Markt. Sie erzeugen einen neuen und beherrschen diesen, weil sie ihn erfunden haben.« — den Plattformen – Alibaba, Amazon, Delivery Hero, Facebook, LinkedIn, Skype, Spotify, Uber usw. Viele der marktführenden Unternehmen haben kaum bis keine Investitionskosten. Das kennen wir in Deutschland fast überhaupt nicht. Unser Modell funktioniert in der Regel getreu dem Motto: Hohe Investitionskosten, geringe Gewinnmargen. Plattformen funktionieren genau andersherum. Und in der Regel bilden sie – zumindest regionale – Monopole. Oder kennen Sie die nächstplatzierten Wettbewerber der oben genannten? Andersherum fragen Sie sich, ob Sie die Wettbewerber von EnBW kennen? Oder von BMW? Oder von Edeka?

Workforce

Wie bereits schon mehrfach betont, auch die ausgeklügeltsten unternehmerischen Transformationsstrategien können nur dann realisiert werden und Früchte tragen, wenn sich der Blick ebenso konsequent und zielgerichtet – und rechtzeitig! – auf die Mitarbeiter*innen des Unternehmens richtet. Wie auch EnBW-Chef Frank Mastiaux für sein Unternehmen festgestellt hat: »Die beste Strategie nützt gar nichts, wenn Sie nicht die Leute haben, die diese Strategie auch umsetzen können.« Und das angesichts der Tatsache, dass es mit den begehrten Talenten nicht mehr wie ehedem zum Allerbesten steht, als noch Kohorten von gut ausgebildeten Jungen der Babyboomer-Generation den Personalverantwortlichen der Unternehmen sozusagen die Türen einrannten. Heute hingegen ist vieles sehr anders geworden. Mastiaux darf sich da mit dem mehr als unerschrockenen und risikobereiten Unternehmer Elon Musk in bester Gesellschaft wähnen: »Biggest concern? To get enough humans.«

Aber nicht nur Elon Musk steht vor einem Problem, Millionen seiner Mitunternehmer weltweit sehen sich ebenfalls mit der Frage konfrontiert: Woher die Talente nehmen, wenn es schon aus demografischen Gründen immer weniger davon gibt? Bereits im Jahr 2035 werden 20 Prozent der Weltbevölkerung 65 Jahre alt und älter sein, womit sich der Anteil der Alten gegenüber heute dann verdoppelt hätte. Und die Jungen werden weniger.

Je gefragter die High Potentials dieser Welt sind, desto anspruchsvoller können sie sein und sind es auch bereits heute. Irgendwelche Strategien der Unternehmen, die um sie buhlen, interessieren sie nur halb so viel, wichtig ist ihnen dafür deren Werteorientierung und die Sinnhaftigkeit ihrer Arbeit für das Unternehmen. »Culture eats strategy for breakfast«, sagte schon der namhafte Managementvordenker Peter F. Drucker und meinte damit, dass, wenn die Kultur eines Unternehmens der Strategie im Weg steht, die Umsetzung schwer bis unmöglich wird.

Dazu kommt sehr wahrscheinlich ein bevorstehender massiver Skill-Mismatch: 60 Prozent der Kompetenzen, die wir in den nächsten zehn Jahren brauchen werden, gibt es heute noch gar nicht. Das behaupten jedenfalls der schwedische Ökonom Carl Benedikt Frey und der Informatiker Michael Osborne in ihrer 72-seitigen Studie »The Future of Employment« aus dem Jahr 2013, die weltweit Beachtung fand.

Schließlich will ich auch die Themen Ressourcenknappheit, Nachhaltigkeit und Klimawandel in diesem Zusammenhang nicht unerwähnt lassen. Diese Themen berühren ja nicht nur die Einstellungen und die gestiegenen Anforderungen junger Talente an die Wertorientierung ihrer Arbeitgeber, sondern unmittelbar auch Produktgestaltung und Konsumverhalten, ob es nun Autos, Reisen, Fliegen oder die Langlebigkeit und Recyclingfähigkeit von Produkten betrifft. Auch darauf müssen sich Unternehmen zunehmend einstellen.

In Deutschland haben wir es mit zwei wesentlichen Entwicklungen zu tun: Es gehen massiv Jobs verloren: Das Institut für Berufs- und Arbeitsmarktforschung errechnet schon 2018 ein theoretisches Substituierbarkeitspotenzial von rund 39 Prozent für die deutsche Wirtschaft. Das heißt, dass weit mehr als ein Drittel aller Tätigkeiten schon heute von Technologie übernommen werden kann. Schon zu Beginn hatten wir beeindruckende Zahlen vermerkt: In Deutschland könnten neun Millionen bestehender Jobs bis 2030 aufgrund von Automatisierung wegfallen. Gleichzeitig könnten im gleichen Zeitraum rund zehn Millionen neue Jobs entstehen, von denen wir heute vielfach noch nicht einmal wissen, dass es sie dereinst geben wird.

Zudem ergänzt Technologie menschliche Arbeit oder ersetzt sie in immer mehr Bereichen sogar komplett.

Ein paar praktische Beispiele: Wenn zum Beispiel der Autohersteller BMW Elektroautos bauen will, braucht das Unternehmen Ingenieure, die etwas von Batterietechnik verstehen und das Betriebssystem eines Elektroautos entwickeln können. Aber es braucht sicher signifikant weniger Ingenieure, die wie bisher ausschließlich Verbrennermotoren immer weiter optimieren. Wenn eine Versicherung die Schadensbearbeitung oder Versicherungsrisiken künftig durch Algorithmen erledigen lässt, braucht es Menschen, die nicht mehr die eigentliche Bewertung oder Bearbeitung erledigen, sondern die dafür Algorithmen bauen und weiterentwickeln und die nur noch die wenigen komplexen Fälle persönlich bearbeiten.

Weitere konkrete Beispiele gibt es unzählige. So nutzte zum Beispiel der Zahlungsabwickler PayPal zuletzt im Kundenservice bei mehr als der Hälfte der Anfragen Chatbots. Bei YouTube übernimmt Software zunehmend die Kontrolle der Inhalte auf ihre Unbedenklichkeit. Die US-Supermarktkette Walmart lässt Roboter die Böden putzen, und die Burger-Kette McDonald's testet Maschinen, die kochen und kellnern können.

»The next big thing is education«

Das Weltwirtschaftsforum WEF prognostiziert mit Bezug auf eine OECD-Studie eine »global reskilling revolution« und geht davon aus, dass bis 2030 eine Milliarde Menschen umqualifiziert werden müssen, um am Arbeitsmarkt noch zu bestehen. Das entspricht fast einem Drittel aller weltweit existierenden Jobs. Bis 2022 sollen sich gar 42 Prozent der Kompetenzen in bestehenden Jobs verändern. Und auch das WEF gelangt ergänzend zu dem Ergebnis, dass auch die künftigen Jobs von 65 Prozent aller heutigen Schulkinder erst entstehen werden. Aber es werden nicht nur »Hightech-Qualifikationen« sein, die künftig gebraucht werden, sondern insbesondere auch überfachliche Qualifikationen. Keine reine Vermittlung von Wissen mit immer kürzerer Halbwertszeit, sondern die Fähigkeit zu Kooperation, Kreativität und Problemlösung stehen daher im Mittelpunkt von Bildung, Ausbildung und Weiterbildung. Auch das sah Management-Papst Peter F. Drucker schon vor vielen Jahren weitsichtig voraus: »The only skill that will be important in the 21st century is the skill of learning new skills. Everything else will become obsolete over time.« Ebenso war Apple-Gründer Steve Jobs davon überzeugt: »The next big thing is education.«

Ein Motto, das sich inzwischen viele Unternehmen zu eigen gemacht haben. So hat etwa der Autozulieferer Continental mit dem CITT (Continental Institute of Technology and Transformation) eine Institution geschaffen, um Experten für Verbrennungsmotoren zu Elektroingenieuren umzuqualifizieren.

Volkswagen gründete die »Fakultät 73«, wo inzwischen im zweiten Jahrgang VW-Mitarbeiter zu Softwareentwicklern ausgebildet werden.

AT&T, global größter Telcokonzern, investiert eine Milliarde Dollar ins Reskilling von 100 000 Mitarbeitern.

Der Staat Singapur investiert eine Milliarde US-Dollar jährlich ins »mid-career learning.«

Und was die Substituierbarkeit herkömmlicher Tätigkeiten anbetrifft, so haben die neuen Technologien das Potenzial, Unternehmensprozesse vollständig zu verändern. Viele Aufgaben, die Mitarbeiter heute noch tagein, tagaus erledigen, können in Zukunft vermehrt automatisiert werden. Tim Höttges, CEO der Deutschen Telekom hat 2016 der Wochenzeitung *Die Zeit* gesagt: »Die klassischen physischen Arbeiten werden auf lange

Sicht komplett durch Maschinen erledigt werden, davon bin ich zutiefst überzeugt.«

Ein Branchenüberblick, auf Basis der Daten des IAB, zeigt, was in Deutschland möglich ist. Aus technologischer Sicht. Ob es wirtschaftlich und ethisch sinnvoll ist, muss jedes Unternehmen für sich genau prüfen. Das Potenzial erscheint immens.

Ein interessantes Einzelbeispiel nennt Merck-CHRO Dietmar Eidens in diesem Buch (siehe Seite 57): Eine künstliche Intelligenz namens Elenoide. Sie wurde im Sommer 2019 von Merck am Standort Darmstadt eingesetzt, um Mitarbeiter in einer alltagsnahen Arbeitssituation mit dem digitalen Fortschritt vertraut zu machen, speziell mit der KI-Technologie. In der ersten Phase hat Elenoide, diese künstliche Intelligenz mit menschenähnlichem Aussehen und Verhalten, in der Interaktion mit 300 Merck-Mitarbeitern ihr Können – und ihre Grenzen – bewiesen. In der zweiten Phase wird Elenoide die Aufgaben eines PMO, eines Project Management Office, übernehmen, wie etwa Terminüberwachung, Finanzströme registrieren, Datenanalysen unterschiedlicher Art vornehmen. Allesamt Aufgaben, die heute Mitarbeiter mit umfangreichen Excel-Tabellen und PowerPoint-Charts erledigen.

In der Wirtschaftswissenschaft ist schon lange bekannt, dass neue Technologien wie Maschinen und Roboter die Wirtschaft nicht stetig und allmählich infiltrieren, sondern eher in Schüben – und diese Schübe sind in Krisen besonders heftig.

Ein Indiz für krisenbedingte Automatisierung entdeckten Nir Jaimovich von der Universität Zürich und Henry Siu (Universität von British Columbia) in einer Studie aus dem Jahr 2018. Darin verglichen sie die Folgen schwerer Rezessionen von 1991

Branche	Funktion	Haupttätigkeiten (Beispiele)	Substituierbarkeit[1]	Durchschnittlicher Personalaufwand[2] in 1000 Euro/Jahr	Anzahl Beschäftigte in Deutschland
Banken/ Versicherung	Schadenssachbearbeiter	Anspruchsprüfung, Schadens-/Leistungsfälle, Kundenbearbeitung, Versicherungsrecht	83 %	55	137 124
Automobil/ Zulieferer	Fahrzeugbaumechaniker	Karosserien, Baugruppen und Fahrgestelle konstruieren und herstellen, ein-, auf- und umbauen, Qualitätssicherung und Arbeitsplanung	80 %	36	333 896
Pharma	Pharmareferent	Arzneimittelinformation, Verkaufsförderung, Kundenberatung/-betreuung, Arzneimittelrecht	50 %	61	22 696
Chemie	Kunststoff-Techniker	Kunststoffteile entwerfen und konstruieren, Werkzeuge konstruieren, Fertigung, Produktion und Montage planen und überwachen	67 %	49	3703
Logistik/ Transport	Fachkraft Logistik	Kosten- und Leistungsrechnung, Supply-Chain-Management, Lagerverwaltungssysteme, Distributionssysteme einsetzen, Lagerorganisation	62 %	32	458 571
Energie	Ingenieur erneuerbare Energien	Entwicklung, Planung, Betreiben und Überwachung Anlagen zur Nutzung regenerativer Energiequellen	72 %	66	1082
Telco	Systemtechniker/-in (Telekommunikationstechnik)	Einrichtung und Vernetzung IT-Systeme, Konzeption und Optimierung Internet- und Mobilfunksysteme, Wartungs- und Supportarbeiten	88 %	56	39 345
Handel	Sales Manager	Verkaufsaktivitäten, Planung, Steuerung von Absatzaktivitäten im Rahmen von Unternehmens-beziehungsweise nach Zielvorgaben.	25 %	70	66 373
Konsumgüter	Produktentwickler	Entwicklung Produktideen und Prototypen, Konzeption Produkte und Begleitung bis zur Markteinführung	36 %	69	208 290

Quelle: IAB-Daten 2018; HUMAN-Analyse. 1 Substituierbarkeitspotenzial eines Berufes = Anteil der in diesem Beruf typischerweise zu erledigenden Aufgaben, die bereits heute automatisiert werden können.
2 Personalaufwand beinhaltet Lohn, Gehalt, Altersvorsorge sowie soziale und steuerliche Abgaben

bis 2009 – und bemerkten: Nach einigen Jahren hatte sich die Konjunktur insgesamt wieder erholt. Die Zahl der Arbeitsplätze allerdings war noch Jahre später niedriger als vor der Krise. Und das lag überwiegend daran, dass gewisse Tätigkeiten nicht mehr gebraucht wurden: 88 Prozent aller Arbeitsplatzverluste betrafen demnach Routinejobs – solche also, die sich relativ leicht automatisieren ließen.

Eine ähnliche Beobachtung machten ebenfalls im Jahre 2018 die Ökonomen Brad Hershbein (W. E. Upjohn Institute for Employment Research) und Lisa Kahn (Universität von Rochester). Sie analysierten für ihre Studie 87 Millionen Online-Stellenanzeigen, die zwischen 2007 und 2015 veröffentlicht worden waren. Das Ergebnis: Unternehmen in krisengeplagten Regionen ersetzten Beschäftigte mit automatisierbaren Routinetätigkeiten durch eine Mischung aus Technologie und höher qualifizierten Kandidatinnen und Kandidaten.

Aber es gibt auch andere Sichtweisen. Der renommierte Ökonom Daron Acemoglu resümiert: Wer möglichst schnell auf Roboter setzte, hatte langfristig sogar mehr Beschäftigte. Acemoglu: »Wenn Unternehmen frühzeitig Roboter einsetzen, expandieren sie auf Kosten ihrer Konkurrenten, deren Kosten nicht sinken.«

Ein beredtes Beispiel dafür liefert Amazon. Der Onlineversandhändler hat die Zahl der Roboter in seinen Lagern im vergangenen Jahrzehnt von 1400 auf etwa 45 000 gesteigert. Und die Zahl der Beschäftigten? Sie stieg von 2010 bis 2019 von 33 700 auf 798 000.

Wer indes seinen künftigen Personalbedarf nur wenig vorausschauend plant, dem droht eine besondere Gefahr. Diese Gefahr liegt für viele Unternehmen darin, dass sie fortlaufend frei werdende Stellen für die gleichen Tätigkeiten mit den gleichen Qualifikationen besetzen und dadurch ihr Problem perpetuieren.

So besetzen die Top-100-Unternehmen in Deutschland im Schnitt jährlich 15 Prozent ihres Personals aufgrund von Fluktuation, Verrentung und Wachstum neu. Eine Beispielrechnung macht klar, was das bedeutet. Nehmen wir an, eine Versicherung plant, pro Jahr rund 20 000 frei gewordene Positionen neu zu besetzen. Bei durchschnittlichen Kosten pro Beschäftigtem von 100 000 Euro kommt eine Summe von jährlich zwei Milliarden Euro zusammen.

Also lautet die Kernfrage, ob das Unternehmensmanagement solche Milliardensummen lieber in Neueinstellungen investieren will, die die Transformation und neue Geschäftsstrategien unterstützen, oder soll weitergemacht werden wie bisher und sollen neue Stellen eins zu eins besetzt werden wie die bisherigen? Kurz: Stellen wir weiter Schadenssachbearbeiter ein oder Machine-Learning-Ingenieure, die einen Algorithmus bauen?

Workforce, Kosten und Wettbewerbsfähigkeit

Nicht zuletzt das Kostenargument ist eines, das Unternehmenslenker zu weitsichtigerer Personalplanung und wirklichem Umbau ihrer Personalstruktur bewegen sollte. Dass dafür Bedarf besteht, zeigt auch eine Befragung, die wir im September und Oktober 2020 unter 252 Vorständen deutscher Unternehmen vorgenommen haben.

- 74 Prozent sind der Meinung, dass sich ihr Unternehmen bis 2025 generell transformieren muss, um wettbewerbsfähig zu bleiben.
- 17 Prozent gaben an, dass sie dafür die komplette Personalstruktur ändern müssen, 60 Prozent, dass diese zumindest teilweise geändert werden muss.
- 38 Prozent sagen: Wir brauchen mehr Personal.
- 31 Prozent: Wir brauchen weniger Personal.
- 31 Prozent bekunden: Wir brauchen anderes Personal beziehungsweise andere Kompetenzen.
- Im Durchschnitt wird ein Substitutionspotenzial traditioneller Jobs in Höhe von 31 Prozent angenommen.
- Digitalisierung (67 Prozent), neue Produkte/Geschäftsfelder (41 Prozent), künstliche Intelligenz (37 Prozent) und die weitere Globalisierung (35 Prozent) sind die häufigsten Gründe, die zu einer Veränderung der Personalstruktur führen.
- 62 Prozent der Teilnehmer gaben an, dass sie Covid-19 als Chance sehen, um ihre Personalstruktur anzupassen.
- 48 Prozent der Befragten erwarten höhere Kosten, wenn die Workforce Transformation nicht aktiv umgesetzt wird.

Fazit: Für drei Viertel der Vorstände und Geschäftsführer in unserer Umfrage hat die digitale Transformation bereits begonnen, beziehungsweise sie sehen sie in ihrem Unternehmen bis zum Jahr 2025 angekommen. Das ist aus unserer Sicht und vor dem Hintergrund der von der Corona-Pandemie verursachten gegenwärtigen Probleme ein relativ kurzer Zeitrahmen. Sorgen bereitet uns vor allem die prozentuale Lücke zwischen den Unternehmen, die angeben, dass sich in ihrer Organisation die Personalstruktur komplett oder teilweise ändert beziehungsweise ändern muss (77 Prozent), und den Unternehmen, die strategische Personalplanung schon als Steuerungsinstrument einsetzen (52 Prozent).

In ein Verhältnis setzen können wir diese Zahlen auch zu den Aussagen von 35 Prozent der Befragten: »Wenn wir Workforce Transformation nicht aktiv umsetzen, verlieren wir unsere Wettbewerbsfähigkeit«, und 48 Prozent sagen: »Wenn wir Workforce Transformation nicht aktiv umsetzen, rechnen wir mit deutlich erhöhten Kosten.« Das sollte uns alle alarmieren. In Zeiten, die so herausfordernd sind wie diese und in denen sich Ereignisse immer schwerer vorhersehen lassen, sollten Unternehmen Steuerungsinstrumente nutzen, die ihnen mehr

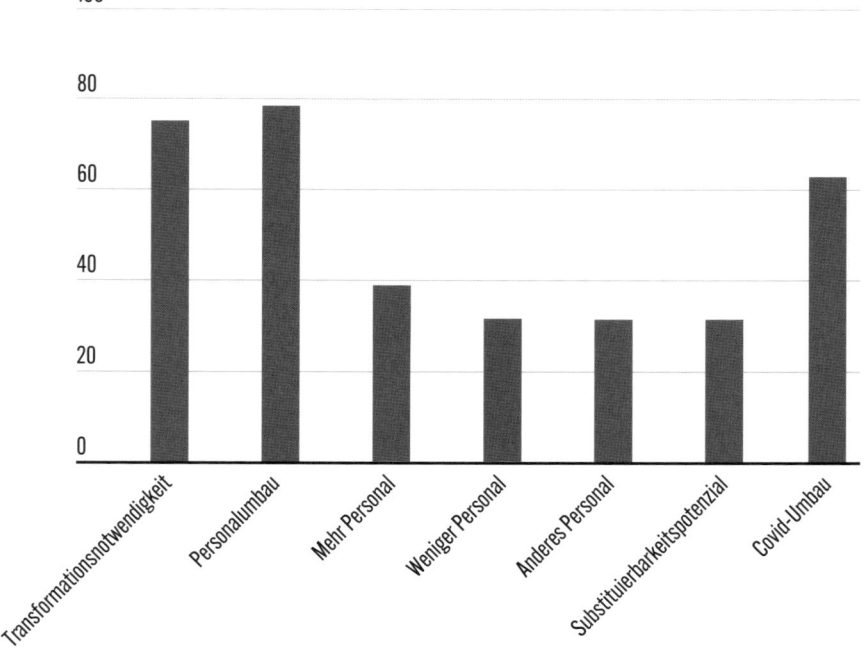

Umfrage zur Workforce Transformation unter 252 Vorständen (Oktober 2020)

Vorausschau ermöglichen und eine Basis für ihre Entscheidungen liefern können. Sie müssen sich sowohl mehr Klarheit über den Status quo und den künftigen Soll-Zustand ihrer Belegschaft verschaffen als sich auch in Echtzeit verschiedene Zukunftsszenarien vor Augen halten können.

Die Corona-Krise und ihre disruptiven Folgen

Das Schlagwort von der Disruption traditioneller Geschäftsmodelle und der Art und Weise des Zusammenarbeitens ist ja schon seit Jahren im Schwange – allerdings immer unter dem Vorzeichen, dass es ausschließlich die neuen Technologien seien, die solche Prozesse vorantreiben. Das bleibt natürlich nach wie vor richtig. Aber jetzt wird uns überdeutlich vor Augen geführt, dass das Zusammenwirken dieser Pandemie mit ebendiesen neuen digitalen Möglichkeiten zu einer Beschleunigung dieser disruptiven Entwicklungen geführt hat – und das in ungeheurem Tempo.

Immer häufiger ist in diesem Zusammenhang neuerdings vom »New Normal« die Rede. In der Tat scheint das, was über Monate hinweg seit Frühjahr 2020 als Ausnahmesituation betrachtet wurde, bleibende Wirkung auch für die Zukunft zu entfalten. »Wir leben in einer völlig neuen Welt«, sagt zum Beispiel Nestlé-Chef Ulf Schneider. »Es gibt keine Rückkehr zu der Zeit vor der Krise.«

Das Homeoffice könnte sich zum neuen Standard der Arbeit für Unternehmen entwickeln. So will zum Beispiel der Versicherungskonzern Allianz die Hälfte der Geschäftsreisen und ein Drittel seiner Büroflächen einsparen. Bei der Deutschen

Post DHL heißt es, dass die Corona-Krise als Katalysator gewirkt habe, dass sich auch künftig Büro-Präsenz und Homeoffice viel besser kombinieren ließen. Siemens jetziger Vize und zukünftiger CEO Roland Busch macht sich für einen dazu gehörenden, neuen Führungsstil stark: »Sie müssen weniger hierarchisch lenken, interne Silos niederreißen und in der Organisation Freiräume schaffen für Menschen, die neue Themen angehen.« Die neuen Lektionen reichen bis hin zur »bionischen Organisation«, in der Fähigkeiten von Mensch und Maschine verbunden werden, nicht nur um Prozesse effizienter zu gestalten, sondern auch um Innovation spürbar zu befeuern, wie es Dietmar Eidens von Merck in diesem Buch (Seite 41) beschreibt.

An einer weitergehenden Zukunftsvision arbeitet gerade Südkorea, eines der kreativsten und innovativsten Hightech-Powerhouses dieser Welt. Die Regierung hat unlängst ein Konzept vorgelegt, das sie »Untacting Economy« nennt, in der menschliche Interaktion zunehmend virtuell und sehr stark durch Bots unterstützt ist. Kurz: Es geht darum, menschliche Kontakte zu verringern oder durch Maschinen zu ersetzen. Für die südkoreanische Regierung liegt der Hauptfokus ihres 94 Milliarden US-Dollar teuren »New Deal«-Programms auf solcher Kollaboration zwischen Mensch und Maschine, durch die menschliche Nahkontakte – Stichwort: Social Distancing – weitgehend vermieden werden (sollen). Denn wir dürfen uns nichts vormachen: Das Corona-Virus wird so schnell wohl nicht aus der Welt verschwinden. Aber das ist natürlich nicht der einzige Grund für die Entwicklung einer »Untacting Economy«, wie es in einem koreanischen Regierungspapier heißt: »Untact is the idea of a future built around doing things without direct contact with others. Examples include self-service retail and contactless payment. The New Deal will promote ›untact industries‹ (e.g. remote healthcare, virtual offices, e-commerce support for small and medium sized enterprises). The idea of building an ›untact world‹ is driven by much more than the corona virus. The Korean government believes that it will support both the competitiveness of the economy by becoming a leader in ›untacting technologies‹ and improve the environment.«

Festhalten können wir aber auf jeden Fall, dass uns ebendieses Virus in kaum vorstellbarer Geschwindigkeit um fünf bis zehn Jahre weiter in die digitale Zukunft katapultiert hat. Die Transformation, die in Vor-Corona-Zeiten schon auf Hochtouren lief, hat sich noch einmal beschleunigt.

Auch Microsofts CEO Satya Nadella stellt fest: »Wir haben in zwei Monaten zwei Jahre digitaler Transformation erlebt.« Und das durchaus nicht nur im Bereich der Unternehmensorganisation. Vom schnell eingerichteten E-Learning an weiterführenden Schulen über virtuelle Museumsbesuche und Konzerte bis hin zu den kleinen Buchhändlern in den Stadtquartieren, die während des Frühjahrs-Lockdowns auf Onlinebestellungen umsattelten und die Bücher per Fahrrad an die Kunden auslieferten.

Unternehmen revolutionieren und vereinfachen jetzt ihr Betriebsmodell, sie automatisieren, wo immer es geht. Diese Schübe haben wir oben unter dem Kernwort »Workforce« beschrieben. So ist zum Beispiel der E-Commerce-Markt in den USA in drei Monaten so stark gewachsen wie in den letzten zehn Jahren davor, wie die Bank of America ausrechnete. Auch wir in Deutschland erleben den Boom von Zalando, Delivery Hero und vielen weiteren Onlinehändlern hautnah.

Diese Krise hat uns also vor allen Dingen gezeigt, was alles möglich ist, auch wenn es zuvor von vielen für nicht möglich gehalten wurde, wenn nicht gar dem Unternehmenserfolg abträglich, wenn die Arbeitsabläufe nicht in gewohnter Manier erfolgen. Vielleicht stellen wir ja fest, dass am Ende noch so viel mehr möglich ist.

Wir erleben, das Digitalisierung in kürzester Zeit an Tempo gewinnen kann. »Dass mobiles Arbeiten und mobiles Lernen zum Standard werden könnten, schien bislang undenkbar. Jetzt aber werden wie unter einem Brennglas die immensen Potenziale sichtbar, die digitale Technologien grundsätzlich bieten«, sagt Achim Berg, Präsident des deutschen IT-Branchenverbands Bitkom, in dem mehr als 2700 Unternehmen organisiert sind. Für Berg ist die Krise ein digitaler Wendepunkt und ein Weckruf, die Digitalisierung nun massiv voranzutreiben. Es dürfe dabei kein Zurück in den Vorkrisenmodus geben. Die Weichen dafür werden aber jetzt gestellt. Doch die Antworten von Unternehmen fallen dabei höchst unterschiedlich aus.

Das zeigen wir anhand einiger ganz konkreter Beispiele aus berufenem Munde in diesem Buch. Schon vor Corona haben diese Unternehmen angefangen, aktiv ihre Workforce den Digitalisierungsanforderungen und neuen strategischen Ausrichtungen ihrer Unternehmen anzupassen und sich damit zu wesentlichen Enablern der Transformation zu machen. Wir, eine Gruppe von Wirtschaftsfachleuten , die sich für dieses Buch zusammengetan haben, laden Sie dazu ein, mit auf die

Reise zu kommen und ebenfalls als Enabler in die Poleposition zu gelangen.

Wie uns die Erfahrungen seit Ausbruch der Corona-Pandemie und die jetzt folgenden Unternehmensbeispiele lehren, könnte unsere Workforce am Ende anpassungsfähiger sein, als wir glauben.

Warum sich also nicht jetzt umgehend an die Transformation der Workforce machen? Wer, wenn nicht wir, und wann, wenn nicht jetzt?

Mit 58000 Mitarbeiter*innen auf Technologiereise

Merck ist ein lebendiges Wissenschafts- und Technologieunternehmen in den Bereichen Healthcare, Life Science und Performance Materials. Rund 58 000 Mitarbeiter arbeiten daran, im Leben von Millionen von Menschen täglich einen entscheidenden Unterschied für eine lebenswertere Zukunft zu machen: von der Entwicklung präziser Technologien zur Genom-Editierung über die Entdeckung einzigartiger Wege zur Behandlung von Krankheiten bis zur Bereitstellung von Anwendungen für intelligente Geräte. 2019 erwirtschaftete Merck in 66 Ländern einen Umsatz von 16,2 Milliarden Euro.

In seiner Funktion als Chief Human Resources Officer (CHRO) leitet Dietmar Eidens die HR-Funktion des Unternehmens. In seiner Karriere hat er Managementpositionen in den USA, Europa und Asien bekleidet. In den letzten 35 Jahren arbeitete er in der Pharmaindustrie, der Einzelhandelsindustrie und der IT-Branche – und sammelte dabei eine Fülle an Erfahrungen in den Bereichen M&A, Konsolidierung und Wachstumsszenarien. Er schloss sich 2009 als Leiter der Personalabteilung für Pharmazeutika in Genf Merck an und wurde 2011 HR Business Partner der Sparte Healthcare. Dietmar Eidens hat die weltweite Expansion des Unternehmens maßgeblich vorangetrieben und wurde im Jahr 2016 zum Chief Human Resources Officer berufen.

Dietmar Eidens

Chief HR Officer, Merck Group

Mercks Transformation und der Einfluss von Digitalisierung, Robotik und künstlicher Intelligenz

Trends, ob in den letzten Jahren oder in Zukunft, zeichneten und zeichnen sich dadurch aus, dass sie zwar vorhersehbar waren und sind, aber nicht planbar. In unserer globalisierten und technologisierten Welt gilt dies mehr denn je. Insofern sind starre Fünf- oder Zehn-Jahres Businesspläne, wie sie in der Vergangenheit üblich und möglich waren, obsolet geworden. Die drei Geschäftsfelder des Unternehmens, Healthcare, Life Science und Performance Materials, zeichnen sich dadurch aus, dass Produktzyklen tendenziell immer kürzer werden, Markt- und Kundensegmente erheblichen Verwerfungen ausgesetzt sind, und dass sich der Gesamtkontext inklusive Megatrends, in dem sich diese Geschäfte weiterentwickeln, immer schneller verändert. Sich immer wieder und schnell immer neuen Herausforderungen zu stellen erfordert ein hohes Maß an Agilität und Anpassungsfähigkeit.

Inwieweit betrifft diese Entwicklung die Geschäftsfelder von Merck? Schauen wir zunächst auf den Bereich Performance Materials. Jahrzehntelang war Merck der Weltmarkt- und Technologieführer im Bereich Flüssigkristalle. Bis vor wenigen Jahren wurden sie in sämtlichen Displays zahlreicher großer Hersteller von Smartphones, Laptops, Flachbildfernseher und Tablet-PCs verbaut. Dieses Geschäft hat sich durch den technologischen Fortschritt, insbesondere durch die Einführung der OLED-Technologie, stark verändert. Hinzu kam, dass reine Materiallieferungen für die einschlägigen Produzenten zum einen keineswegs mehr den Mehrwert erbrachten, der den Geschäftszielen des Unternehmens entsprach. Zum anderen hatten sich die Bedürfnisse und Anforderungen der Kunden erhöht. Diese strebten nicht länger an, bei einer Reihe von Zulieferern einzelne Materialien einzukaufen, um sie an ihren Produktionsstätten weiterzuverarbeiten, sondern sie erwarteten von Merck Komplettlösungen inklusive Verschaltung und Software für das gesamte Display. »Der Erfolgsfaktor für uns wird darüber hinaus sein, solche Bedürfnisse und Wünsche der Kunden in Zukunft rechtzeitig zu antizipieren«, so Dietmar Eidens. Insofern habe sich das Kunden-Anbieter-Verhältnis für Merck in diesem Geschäftsbereich innerhalb weniger Jahre komplett verändert hin zu einem Electronic Materials and Solutions Provider. Durch die 2019 erfolgte Akquisition des US-Unternehmens Versum ist dafür die Grundlage gelegt worden. Digitalisierung und Technologie sind im Bereich Performance Materials nicht nur Mittel zum Zweck, sondern stehen für das Geschäft per se.

Ein anderes Beispiel aus dem Life-Science-Geschäft von Merck ist der Bereich Laborausrüstung, der den größten Anteil des globalen Life-Science-Geschäfts ausmacht. Merck liefert seit jeher Laborbedarf, sei es für wissenschaftliche oder medizinische Forschungseinrichtungen, sei es für Labore anderer Pharmaunternehmen – und das von der Pipette über das Reagenzglas bis hin zu Grundmaterialien wie Chemikalien. Insgesamt können die Kunden aus über 300 000 Einzelprodukten auswählen.

Traditionell lief hierbei der Bestellprozess derart ab, dass diese Produkte in Form von Tabellen und Katalogen zur Verfügung gestellt wurden, aus denen sich die Forscher in den Laboren heraussuchten, was sie gerade benötigten, und häufig auf traditionellem Weg ihre Bestellungen aufgaben. Heute sind diese Bestellvorgänge komplett automatisiert und auf eine E-Commerce-Plattform ausgelagert, die genauso funktioniert wie Amazon im privaten Gebrauch. Das bedeutet für Merck unter anderem, dass Produktvielfalt, Zustellgeschwindigkeit, Auftragsverfolgung, Auswahl unter verschiedenen Bezahlmöglichkeiten – wie man es von einem B2B E-Commerce-Unternehmen kennt – gewährleistet sein müssen. »Das«, so Eidens, »war einer der Gründe, warum wir 2015 immerhin 15 Milliarden Dollar für das amerikanische Life-Science- und Biotechnologie-Unternehmen Sigma Aldrich ausgegeben haben. Zum einen verfügte Sigma Aldrich bereits über eine technisch ausgereifte E-Commerce-Plattform, zweitens erhielten wir mit der Akquisition die kritische Masse an Produkten und Kunden, die für das erfolgreiche Betreiben einer solchen globalen Plattform erforderlich ist.«

Die Möglichkeiten der Digitalisierung sind aber noch längst nicht mit der Errichtung einer benutzerfreundlichen Plattform erschöpft, auf der Kunden ihre Bestellung mit wenigen Klicks erledigen können. Für Merck eröffnen sich mit dieser digitalen Plattform zusätzliche Geschäftschancen. KI-gestützte Algorithmen analysieren zum Beispiel bisherige Bestellmuster der Kunden, wodurch sich Zusatzgeschäft für Merck generieren lässt. Als private Nutzer von Plattformen wie Amazon erkennen wir das Muster: »Kunden, die diesen Artikel kauften, kauften auch ...« Auf diese Weise kennt Merck durch den neuen digitalen Datenreichtum seine Laborkunden und ihr Bestellverhalten so gut, dass Zusatzangebote unterbreitet werden können. Zusätzlich hat Merck einen guten Überblick über die wissenschaftlichen Tätigkeitsbereiche oder Forschungsfelder seiner Kunden, um sie auf für sie relevante neue Produkte hinweisen und ihre möglicherweise späteren Bestellungen mit einem einschlägigen Angebot vorwegnehmen zu können.

Im Healthcare-Geschäft haben sich durch die Digitalisierung nicht nur Prozesse revolutioniert, sondern auch die Art und Weise, wie Merck Forschung und Entwicklung vorantreibt. Healthcare ist ein risikobehaftetes Geschäft mit hohen Vorabinvestitionen, mit hohen Ausfallquoten möglicher neuer Wirkstoffe und Medikamente und mit starken regulatorischen Vorgaben seitens der Behörden. Auch heute noch dauert es zwischen acht und zehn Jahren, bis – beginnend bei der Forschung an einem Molekül im Reagenzglas – nach aufwendigen und langwierigen klinischen Tests ein vermarktbares Produkt entstanden ist. Die F&E-Kosten bewegen sich dabei jeweils im einstelligen Milliardenbereich.

»Das bedeutet für uns natürlich ein enormes Potenzial, Kosten für F&E im Healthcare-Bereich zu optimieren, selbstredend unter strikter Befolgung aller von den Behörden erlassenen Sicherheitsvorschriften«, sagt Dietmar Eidens. »Eine entscheidende Frage ist für uns, ob wir durch Big Data die Entwicklungszeiten innerhalb des gesetzlich vorgegebenen Rahmens verkürzen können und ob wir aufgrund von Datenanalysen und -auswertungen früher Investitionsentscheidungen in den relevanten Therapiebereichen treffen können.« Tatsächlich hat Merck Bereiche identifiziert, in denen das bereits möglich ist. Die Fülle von Daten, die über Laborstudien und anschließende Versuchsreihen generiert und den Behörden vorgelegt werden müssen, sind ein klassisches Beispiel für Data Analytics. Jahre zuvor noch wurden diese Daten manuell in Krankenhäusern oder Laboren gesammelt und archiviert – vorzugsweise in Papierform. Die Auswertung dieser umfangreichen Versuchs- und Patientendaten dauerte Wochen oder Monate. Heute gelingt das mittels algorithmischer Datenanalyse weitaus schneller.

Was bedeutet das für den derzeitigen Skillshift der Mitarbeiter?

»Für den Geschäftserfolg in allen drei Geschäftsbereichen unseres Unternehmens ist es entscheidend, dass wir uns im Konzern nicht nur mit relevanten neuen Technologien versorgen, sondern auch personell adäquat aufstellen, um mit diesen neuen Möglichkeiten umgehen zu können«, so Dietmar Eidens. »Dazu braucht es weiterhin enorme Investitionen in IT-Systeme und Tools sowie den Aufbau von Datenstrukturen, und zwar über die typischen großen ERP-Implementierungen hinaus. Mit den erweiterten Möglichkeiten zentraler Datensammlung und -auswertung steht und fällt jeglicher künftige Geschäftserfolg. ›Data Maintenance‹ ist jedoch für viele Firmen ein Thema, das sie nicht für besonders ›attraktiv‹ halten und nach wie vor lieber in ihre IT-Abteilungen auslagern. Das Rückgrat aller Anwendungen, Prozesse und Geschäftschancen, die sich durch Daten und ihre Auswertungsmöglichkeiten ergeben, ist jedoch das Vorhandensein von globalen Prozessen und Standards, damit die Anwendung und Auswertung von Daten im Konzern effizient geregelt werden kann.«

Eidens zufolge wird es in Zukunft noch wichtiger werden, mit den Anwendungstools richtig umgehen zu können. Das sind zum Beispiel Programme, die es Mitarbeitern im Einkauf, Forschern in den Laboren, Vertriebsmitarbeitern und Marketingmanagern ermöglichen, die im Unternehmen vorhandenen Daten mit einem Kunden, einem Produkt, einem Geschäft zu verknüpfen und daraus einen Vorteil zu generieren – für den Kunden und das Unternehmen. Bei Merck, stellt Eidens fest, fehle es nicht an Technologie, Tools, Algorithmen und Ähnlichem. Woran es aber zum Teil noch mangele, seien die Fähigkeiten der Mitarbeiter, diese Anwendungsmöglichkeiten miteinander zu verknüpfen und in Geschäftserfolge umzusetzen. Alle Mitarbeiter müssten anwendungsspezifisch verstehen, wie mit diesen reichlich zur Verfügung stehenden Daten umzugehen sei. »Everybody in the company needs to be able to work with data«, lautet folglich eines der Leitmotive von Merck.

Der Umgang mit digital generierten Daten gehört zur neuen Grundkompetenz der Workforce. Das, so Dietmar Eidens, wirkt sich aus bis in den Personalbereich, in dem viele Aufgaben kaum noch etwas mit traditionellem Personalmanagement zu tun haben. Einerseits bedeutet dies, dass der Umgang mit schier unbegrenzten Datenmengen von jedem Benutzer beherrscht werden muss. Relevanter ist aber die Fähigkeit, diese Datenmengen in Korrelation miteinander setzen zu können. Ein Merck-Vertriebsmitarbeiter zum Beispiel will analysieren können, woraus sich die besten Chancen für einen Abschluss mit einem Kunden ergeben. Dazu müssen Umsatzvolumen, Produkte und Bestellverhalten dieses Kunden in den letzten sechs, zwölf oder auch achtzehn Monaten verfügbar sein. Wo gab es eine auffällige Änderung des Bestellverhaltens, ohne dass seitens Merck Produktqualität oder Preis verändert wurden? Das könnte dafür sprechen, dass ein Wettbewerber aktiv geworden ist. Es kommt darauf an, nicht nur mit Daten umgehen, sondern auch die richtigen Schlussfolgerungen daraus ziehen zu können.

Merck-CHRO Eidens ergänzt: »Besonders in traditionellen, nicht IT- oder datengetriebenen Aufgaben hält das Thema Datenanalyse, Dateninterpretation breiten Einzug, in allen Unternehmensbereichen, vom Vertrieb und Marketing über Forschung, Entwicklung und Produktion bis hin zur Verwaltung. Das heißt für uns bei Merck, dass wir vorhandenes Wissen der Mitarbeiter in allen diesen angestammten Bereichen noch umfassender ergänzen müssen um das neue Spezialwissen rund um das Thema Umgang mit Daten.«

Die Aufgabenbereiche, die am stärksten von den neuen technologischen Möglichkeiten tangiert sind, betreffen Interaktionen zwischen Merck und den Kunden des Unternehmens. Es sind Themen rund um die Fragestellung: Welchen heutigen Produkt- oder Lösungsbedarf, welche zukünftigen weitergehenden Bedürfnisse haben die Kunden, und welche Angebote muss Merck dafür bereitstellen? Dies geht weit über die bisherige Frage hinaus: Welche Produkte haben wir im Portfolio und können wir anbieten?

Traditionell haben Vertriebsmitarbeiter, Marketingspezialisten oder Mitarbeiter in der Marktforschung die jeweils einschlägigen Produkt-, Kunden- und Marktdaten zusammengestellt, oft mit erheblichem manuellem Aufwand. Ein Großteil dieser Informationen und Daten ist heute aber teils öffentlich zugänglich oder liegt Merck in den historischen Daten über die Kundenbeziehungen bereits vor. »Woran es uns aber bisher mangelte, war eine effiziente Vorgehensweise, diese schon lange vorliegenden Produkt-, Kunden- und Marktdaten zunächst einmal intern zusammenzustellen. In einem Multisektor-Unternehmen wie dem unseren wurden diese Daten häufig nicht zentral, abteilungs- oder länderübergreifend gesammelt und erfasst«, erklärt Dietmar Eidens. »Es war nicht immer sofort klar, wo genau diese Daten liegen – heute aber wissen wir das sehr genau. Nun brauchen wir verstärkt die Fähigkeiten, diese Daten nicht nur zentral zu sammeln, sondern auszuwerten, zu interpretieren und damit die Geschäfte voranzutreiben. Insofern werden Teilaufgaben zum Beispiel aus den Bereichen Market Research oder Market Screening in der bisherigen Form in wenigen Jahren nicht mehr benötigt, das erledigen KI-gesteuerte Algorithmen.«

Diese Entwicklung betrifft sogar etablierte Berufsbilder wie zum Beispiel den Pharmareferenten, der traditionell mit Produktproben bei Ärzten vorstellig wurde, um sie mit den neuen Medikamenten vertraut zu machen. In der Corona-Krise verstärkte sich hierbei ein Wandel hin zur virtuellen Kommunikation. »Etwa 80 Prozent der Ärzte haben uns gesagt, dass diese Art des Pharmareferenten-Besuchs via Bildschirm für sie genauso gut und effizient funktioniere«, so Eidens. Für bestimmte Produkte hingegen, die im Pharmavertrieb besonders erklärungsbedürftig sind, sei den Reaktionen der Mediziner zufolge nach wie vor der persönliche Besuch beim Arzt der effektivere Weg. »Das zeigt uns«, so Eidens, »dass auch hinsichtlich der Zukunft etablierter Berufsbilder die Zeichen in Richtung der neuen Technologien stehen. Ein weiteres Beispiel für den Einzug von Technologie an diesem ›Arbeitsplatz‹: Kein Pharmareferent führt heutzutage Produktproben in einem Koffer mit sich; Neuheiten werden inzwischen fast ausschließlich auf dem iPad vorgestellt.«

Wie also verändern sich konkret die künftigen Personalstrukturen?

Bei Merck beschleunigt sich der Umbau der Personalstrukturen kontinuierlich. Das Festhalten an traditionellen Mitarbeiterprofilen hat für Merck immer weniger Relevanz, weil diese Qualifikationsanforderungen und Tätigkeitsbeschreibungen sich zunehmend als zu starr und zu unflexibel erweisen. Bis heute existiert allerdings auch bei Merck noch die eher traditionelle Vorgehensweise, wonach zunächst eine Tätigkeit beschrieben wird, für die ein Bereich Personal benötigt. Daraus wird eine Stellenbeschreibung erstellt, auf die eine Person eingestellt wird, von außen oder innerhalb des Konzerns. Dieses Modell geht davon aus, dass eine bestimmte Tätigkeitsbeschreibung über einen längeren Zeitraum konstant bleibt und dass sich damit auch die Anforderungen an die Fähigkeiten des konkreten Stelleninhabers konstant innerhalb dieses Rahmens bewegen.

Die langfristige Anwendbarkeit solcher Profilbeschreibungen und des entsprechenden Vorgehens wird zunehmend infrage gestellt, nicht nur weil sich viele traditionelle Aufgabenbeschreibungen schnell verändern – das Beispiel des Pharmare-

ferenten im Vertrieb beschreibt dies anschaulich. Auch die Abläufe für Forscher im Labor, Ingenieure in der Produktion oder Produktdesigner haben sich sehr stark verändert. Davon ist der ureigene Kompetenzbereich HR ebenso betroffen, wie Eidens anfügt. »Über 15 Prozent der Kapazitäten in HR kommen heute aus dem Bereich Data Science, Softwareengineering, Robotics und künstliche Intelligenz. Wir sind damit sicher innerhalb der Supportfunktion bei Merck Vorreiter, auch wenn in unseren Geschäftsbereichen dieser technologiegetriebene Transformationsprozess, wie schon geschildert, noch ein Stück aggressiver vorangetrieben wird.«
So führt ein Recruiter heute nicht mehr pro Tag acht bis zehn Interviews mit Bewerbern und stellt bis Ende des Monats zehn bis fünfzehn neue Mitarbeiter ein. Recruiter zählen bei Merck bereits seit einiger Zeit zur Gruppe hochspezialisierter Experten. Etwa die Hälfte des Recruiting-Teams widmet sich der proaktiven Recherche auf dem digitalen Stellenmarkt, um zukünftig für Merck wichtige High Potentials aufzuspüren, ohne dass es zuvor offene Stellenausschreibungen gegeben hätte. Das bedeutet, es wird nicht mehr reaktiv nach Maßgabe jeweils neu zu besetzender Stellen nach Bewerbern gesucht, sondern es wird proaktiv der potenzielle Arbeitskräftemarkt durchforstet, auf dem sich die für Merck in Zukunft interessanten Talente finden lassen. Über Social Media, Portale wie LinkedIn oder Xing oder in Fachblogs wird der internationale Talentmarkt duchgescannt. Wenn etwa ein Geschäftsbereich signalisiert, dass er eine bestimmte Anzahl an Experten – zum Beispiel Molekularbiologen für das R&D Centre in Boston, USA – benötigt, wird bereits innerhalb von 48 Stunden

eine erste Liste von geeigneten Kandidaten vorgelegt. Diese digitalen Recherchen nehmen inzwischen sogar etwas überraschende Formen an, wie Eidens erläutert: »Unsere Recruiter gehen heute selbst bei internen Stellenbesetzungen parallel auf LinkedIn und finden dort in der Regel ein vollständigeres Profil unserer eigenen Mitarbeiter, als es in unseren unternehmensinternen Dossiers hinterlegt ist.«

Zudem operieren die HR-Spezialisten bei Merck zunehmend nicht mehr mit herkömmlichen Stellenbeschreibungen und deren Abgleich mit bestimmten Bewerberprofilen, sondern gehen einen anderen Weg. Zusammen mit den Abteilungen, die neue Mitarbeiter benötigen, wird zunächst die Frage beantwortet: Welche neuen Aufgaben stehen an (»work packages«), und was soll letztendlich erreicht werden (»outcome orientation«)? Es müssen also die angestrebten Ziele im Detail verstanden werden, die in den unterschiedlichen Fachbereichen oder Abteilungen auf der Agenda stehen, sowie die dort anstehenden Aufgaben inklusive eingesetzter Produkte und Lösungen. Aufgrund dieses Gesamtbilds wird dann die personelle Verstärkung des Bereichs diskutiert.

Solche Herangehensweisen, wie sie Merck in seiner Workforce Transformation beschreitet, haben zur Folge, dass wesentlich agiler vorgegangen werden muss, um für den passenden Match zwischen Anforderungen der Fachbereiche und Kompetenzen der Beschäftigten sorgen zu können.

Für die HR-Verantwortlichen bei Merck bedeutet dies, dass sie teilweise erheblich breitere, tiefere und neuartige Qualifikationen besitzen müssen, dass sie die spezifischen Geschäfte und Prozesse aller Unternehmensbereiche kennen, verstehen und einschätzen können, um passgenaue Personallösungen zusammenstellen und offerieren zu können. Dabei setzt Merck in seiner Recruiting-Abteilung dezidiert und zunehmend auch auf Fachexperten ebendieser Unternehmensbereiche, nicht nur auf traditionell ausgebildetes HR-Personal. Obendrein müssen Merck-Recruiter auch hohe IT-Kompetenz mitbringen, die es ihnen zum Beispiel ermöglicht, innerhalb kürzester Zeit fünf Millionen LinkedIn-Profile nach 15 Schlüsselbegriffen zu durchforsten.

Zum Thema Personalstrukturen der Zukunft gehört auch die Neudefinition traditioneller Organisationsmodelle. Wo bisher Fachabteilungen, Unterabteilungen sowie weitere vielschichtige Berichtsebenen die Unternehmensstruktur und Arbeitsweise kennzeichneten, verlieren diese Ordnungselemente tendenziell immer mehr an Bedeutung. Heute stellen sich nicht nur Fragen wie »Welche Fähigkeiten werden benötigt, und wo finden sich intern und extern Mitarbeiter, um die vorliegenden Aufgaben zu bewältigen?« Vielmehr lautet die Hauptfrage, wie sich diese Fähigkeiten, unabhängig von Organisationseinheiten, agil, flexibel und bedarfsgerecht zusammenstellen lassen, um dieselben Ressourcen anschließend der nächsten Aufgabe zuordnen zu können. Projektorganisation statt rein funktionale Zuordnung, das ist die Devise für die zukünftige Organisation der Workforce und das Abliefern der »work packages«. Diese Entwicklung geht so weit, dass selbst Teile der HR-Abteilung, dem Vorgehen von Unternehmensberatungen folgend, bereichs- und projektübergreifend operieren.

»Was wir hiermit beschreiben«, so Dietmar Eidens, »ist die enorme Dynamik der in so gut wie in allen Berufsfeldern benötigten Daten- und Technologiekompetenz – wobei wir das Augenmerk nicht nur auf Technologie, sondern auch auf die kulturellen und organisatorischen Begleiterscheinungen lenken. Der Einzug von Technologie in immer mehr Arbeitsbereiche ist auch bei Merck unaufhaltsam. Aber wie gestalten wir diese Entwicklung, wie steuern wir sie in unserem Sinne? Die Situation ist vergleichbar mit dem selbstfahrenden Auto, das auf technologischer Ebene bereits hervorragend funktioniert und einsatzfähig wäre. Vor dem flächendeckenden Einsatz im allgemeinen Straßenverkehr stehen aber gesetzgeberische, versicherungsrechtliche oder ethische Fragen, die noch nicht beantwortet wurden, sowie alltags- und lebenspraktische. Das gesamte Umfeld ist noch nicht darauf eingestellt, dieser Technologie zum Durchbruch zu verhelfen – technologische Hürden stellen sich im Prinzip keine mehr. Was wir bei Merck wollen, ist, die Einführung neuer Technologien vorausschauend vorzubereiten und zu begleiten, statt plötzlich und unerwartet davon ›betroffen‹ zu werden. Das heißt, wir wollen unsere 58 000 Mitarbeiter auf eine Technologiereise mitnehmen, sie auf die Zukunft rechtzeitig vorbereiten, um auf dieser digitalen Welle mit unseren Mitarbeitern zusammen surfen zu können.«

Eine ansehnliche, leibhaftig anfassbare Reisebegleiterin, mit der man obendrein noch sprechen kann, heißt Elenoide. Die Dame, 1,70 Meter groß und blond, ist aber ein androider Roboter, also eine Kombination von Software und Hardware in einer menschenähnlichen Hülle – per se nichts revolutionär Neues, zumindest was den Einsatz im Labor betrifft. Sie wurde im Sommer 2019 von Merck am Standort Darmstadt eingesetzt, um Mitarbeiter in einer alltagsnahen Arbeitssituation mit dem digitalen Fortschritt vertraut zu machen, speziell mit der KI-Technologie. In der ersten Phase hat Elenoide, diese künstliche Intelligenz mit menschenähnlichem Aussehen und Verhalten, in der Interaktion mit 300 Merck-Mitarbeitern ihr Können – und ihre Grenzen – bewiesen. In der zweiten Phase wird Elenoide die Aufgaben eines PMO, eines Project Management Office, übernehmen, wie etwa Terminüberwachung, Finanzströme registrieren, Datenanalysen unterschiedlicher Art vornehmen. Allesamt Aufgaben, die heute Mitarbeiter mit umfangreichen Excel-Tabellen und PowerPoint-Charts erledigen. Diese administrativen, organisatorischen, repetitiven Aufgaben sind klassische Anwendungsfelder für KI. In einer weiteren Versuchsreihe soll Elenoide dann als Projektleiterin eingesetzt werden.

Dietmar Eidens: »Warum machen wir das? Wir wollen unsere mehr als 4500 Führungskräfte, vom Meister in der Produktion über den Bereichsleiter Vertrieb bis hin zum Leiter eines Forschungslabors, auf die Einführung künstlicher Intelligenz so vorbereiten, dass diese Technologie nicht als Bedrohung für Arbeitsplätze gesehen wird, sondern als Möglichkeit, die Effektivität durch Erledigung zeitraubender repetitiver Tätigkeiten zu steigern. Die Menschen in diesen Teams können sich damit künftig erweiterten, kreativeren Aufgaben widmen. KI soll Spaß machen. Den Führungskräften kommt bei dieser Transformation eine entscheidende Bedeutung zu. Wir haben dabei auch die sogenannte bionische Organisation im Blick, in der Fähigkeiten von Mensch und Maschine verbunden werden, nicht nur um Prozesse effizienter zu gestalten, sondern auch um

Innovation spürbar zu befeuern. Entscheidend ist die richtige Kombination und der Zugang zu Technologie für Menschen, um sie zu entlasten, zu ergänzen und so menschliches Talent voll zur Entfaltung zu bringen.«

Und wie ändert sich dementsprechend die Rolle von HR?

Eine der Kernfragen, auf die nicht zuletzt die Neuformation der HR-Organisation eine Antwort liefert, lautet Eidens zufolge: Wie generieren wir als HR-Funktion bei Merck Mehrwert? Dazu hat er mit seinem Team im Unternehmen die Strategie »HR 2022« implementiert, die in zweifacher Form Mehrwert generiert: zum einen durch die strategische Personalberatung der oberen Führungskräfte, zum anderen durch die effiziente Abwicklung administrativer und operativer Personalprozesse für alle Mitarbeiter.

Im Vordergrund steht die strategische Personalberatung für die Vorstands- und Führungskräfteebene. Dabei gehen die HR-Verantwortlichen bei Merck ähnlich vor wie externe Strategieberater der bekannten Beratungsunternehmen. Vier eigens dafür gegründete HR-Teams, sogenannte Sektor-Strategieberater, agieren als hochspezialisierte Lösungsanbieter und Implementierungspartner für die oberen drei Führungsebenen. »Das heißt«, so Eidens, »wir kennen dort in der Regel die Geschäfte und deren strategische Herausforderungen besser als das angestammte HR-Geschäft, sodass wir durch diese tiefen Einblicke in die jeweiligen Geschäfte auch eine tiefer gehende Beratungskompetenz hinsichtlich der Personalstrategie für unsere internen Auftraggeber besitzen. Als interne Berater kennen wir in der Regel auch die Organisation und die in ihr arbeitenden Personen besser als jeder Außenstehende. Im Gegensatz zu externen Beratungsunternehmen stehen wir außerdem für die effiziente Umsetzung und Implementierung unserer strategischen Personalarbeit gerade.« Ein wesentlicher Baustein ist die 2018 begonnene Zusammenstellung eines speziellen HR-Consultingteams, das als flexibel einsetzbare Expertenressource bei den verschiedenen Implementierungsprojekten zum Einsatz kommt. Neben die traditionell übliche Personalplanung per Szenariotechnik tritt also bei Merck die spezifische Lösungs- und Implementierungskompetenz der HR-Experten hinzu.

Konkret bedeutet dies: Wenn etwa eine Abteilungsleiterin signalisiert, dass sie bis Ende des Jahres fünf Mitarbeiter einstellen möchte, dann hat das wenig mit strategischer Personalberatung zu tun, sondern gehört in den klassischen Bereich der Personalsuche und -rekrutierung, wofür HR selbstverständlich eine Lösung anbietet.

Die Merck-interne strategische HR-Beratung hingegen zielt auf eine anspruchsvollere und komplexere Vorgehensweise. Beispiel: Eine Geschäftseinheit, die heute in einem Land 2500 Mitarbeiter beschäftigt und dort Vorprodukte für die Pharmaindustrie herstellt, plant, sich innerhalb der nächsten fünf Jahre als globaler Lösungsanbieter für die komplette Wertschöpfungskette der Pharmaproduktion neu aufzustellen. Es handelt sich um eine umfangreiche Neuausrichtung dieses Unternehmensbereichs. Dabei wird zunächst in einem strategischen Ansatz analysiert und definiert, wie dieser neue Marktauftritt vom

reinen Produktverkäufer zum komplexen Lösungsanbieter generell realisiert werden soll.
Anschließend bedarf es einer kompetenten Beratung der Entscheidungsträger in dieser Geschäftseinheit hinsichtlich der Frage, wie die neue Businessstrategie komplementär durch eine veränderte Personalstrategie ergänzt werden kann. Die Aufgabe der Sektor-HR-Berater von Merck ist es nun, sämtliche relevanten Personalaspekte zu beleuchten und die relevanten Entscheidungen mit dem Führungsteam der Geschäftseinheit zusammen voranzutreiben, damit die geplante Transformation erfolgreich umgesetzt werden kann.
Dieser bei Merck »People-Plan« genannte Ansatz besteht aus sechs Schritten. Zunächst geht es um Fragen wie: Welche Kompetenzen und Fähigkeiten sind in der Geschäftseinheit vorhanden? Welche erweiterten und von den derzeit Beschäftigten zusätzlich erlernbaren Fähigkeiten werden für die neue Strategie benötigt? Sind dafür neue, beim Stammpersonal noch nicht verfügbare Qualifikationsprofile erforderlich? Es handelt sich also um eine klassische Soll-/Ist-Analyse des vorhandenen Personals, allerdings mit dem Fokus auf Kompetenzen und Fähigkeiten, nicht auf Personalstruktur oder Mitarbeiterzahl.
Im zweiten Schritt stellt sich die Frage, welches Organisationsmodell der gesamtlösungsorientierten neuen statt der bisherigen produktbezogenen Businessstrategie am besten entspricht. Mit anderen Worten: Welche Personalstruktur ist für dieses künftige Geschäft am vorteilhaftesten, um effektiv und effizient operieren zu können? Wenn diese Geschäftseinheit, die bisher primär in einem Land mit weniger als zehn Standorten

vertreten war, global expandiert in zehn Länder mit 40 Standorten, dann ist dafür ein komplett anderes Organisationsmodell notwendig. »Hier kommen wir als strategische HR-Berater ins Spiel«, erklärt Dietmar Eidens, »indem wir Pläne entwerfen und die Geschäfte beraten, unter welchen Optionen sie bei den Organisationsmodellen wählen können, inklusive der von uns identifizierten Vor- und Nachteile. Dann entscheidet letztlich die Geschäftseinheit auf der Grundlage solider externer und interner Daten und Fakten.«

Im dritten Schritt werden Personalkapazitäten geplant: Wie viele Beschäftigte werden mit den im ersten Schritt validierten Kompetenzen und Fähigkeiten benötigt, um das Leistungsspektrum zu erbringen? Wo brauchen wir mehr, wo weniger Beschäftigte? Mit anderen Worten: klassische quantitative Personalbedarfsplanung. Allerdings stellen wir eine darüber hinausgehende Frage: Kann das festgelegte Leistungsspektrum auch durch Einsatz neuer Technologien oder Automatisierung weiterer Prozesse bereitgestellt werden? Hierzu stellen wir in der Regel mehrere Szenarien zusammen, die sich sehr unterschiedlich auf den tatsächlichen Personalbedarf auswirken.

Eine weitere wichtige Komponente des People-Plans umschreibt Dietmar Eidens im Schritt vier mit »Talent-Planning«: »Basierend auf der Fähigkeitenanalyse der Belegschaft und dem daraus resultierenden Bedarf an Upskilling, Newskilling oder Neurekrutierung von nicht vorhandenen Qualifikationen muss festgelegt werden, wie wir diese Talente bei Merck für die spezifischen Transformationsprozesse intern sichern beziehungsweise weiterbilden oder gegebenenfalls extern gewinnen können. Dies erfordert in einem Unternehmen mit rund 58 000 Beschäftigten, stets den Überblick zu behalten, in welchen Bereichen des Konzerns sich bereits heute Mitarbeiter befinden, die die benötigten Fähigkeiten besitzen und die in den nächsten zwei bis drei Jahren in anderen Konzernbereichen benötigt werden. Ebenso wichtig ist die Antwort auf die Frage: Wo befinden sich extern, in Unternehmen, an Universitäten, in akademischen Zirkeln, in anderen Ländern, solche dringend gesuchten Talente, und wie kommen wir an sie heran?« Dafür hat das Consultingteam digitalisierte, KI-basierte Methoden entwickelt, den internen und den externen Markt nach solchen Profilen zu durchforsten, bis hin zur Klärung von Gehaltsfragen, Verfügbarkeiten oder bevorzugten Standorten: »Market intelligence on top talents« wird dieses Vorgehen bei Merck genannt.

Der fünfte Schritt konzentriert sich auf das Thema Rewards: Welche Modelle für die kompetitive Bezahlung der Mitarbeiter sind erforderlich, um die Besten zu halten, Leistung zu differenzieren und Motivation und Engagement aller Mitarbeiter zu steigern? Viele der klassischen Modelle finden nach wie vor Anwendung. Merck macht als globaler Wissenschafts- und Technologiekonzern jedoch zunehmend die Erfahrung, dass die traditionellen Methoden durch neue Instrumente ergänzt werden müssen, die zum Beispiel der Start-up-Szene entnommen sind oder stärkere Differenzierung nach Geografie, Jobtypus oder Mitarbeitergeneration erlauben. Dazu sagt Eidens: »›One size fits all‹ können wir uns nicht mehr erlauben.«

Im letzten Schritt wird die klassische Personalvollkostenplanung bereitgestellt. Dabei werden Kosten mit hoher Planungsgenauigkeit sowohl global als auch auf Ebene einzelner Mitarbeiter abgebildet und verschiedene Szenarien immer wieder durchgespielt. Aufgrund erheblicher Unterschiede zum Beispiel zwischen Standorten werden häufig nochmals Anpassungen des Organisationsmodells oder der quantitativen Personalplanung vorgenommen. Hierbei spielt die Fähigkeit der Sektor-HR-Beratungsteams eine entscheidende Rolle, auf umfangreiche interne und externe Daten zurückgreifen und auch mittel- bis langfristige Szenarien mit den entsprechenden Tools darstellen zu können. Der Merck-CHRO kommentiert kurz und knapp: »Big data macht es möglich!«

Damit steht der People-Plan: eine Gesamtpersonalplanung über alle genannten Komponenten hinweg. Die Entscheidungsträger wählen gemeinsam mit den internen HR-Consultants die beste von mehreren Optionen aus. Diese Entscheidungen bereitet HR mit Informationen, Daten und Intelligenz vor und steht anschließend auch für deren professionelle Ausführung gerade. Zusammengefasst: »Der People-Plan ist sozusagen die Toolbox, mit der wir die Transformation des Unternehmens und seiner Workforce begleiten.«

Neben der strategischen Personalberatung bei Merck besteht der Personalbereich aus angestammten HR-Funktionen, wie sie sich in vielen Unternehmen bis heute – zum Teil noch ausschließlich – erhalten haben. Sie stehen für effiziente Abwicklung operativer und administrativer Personalprozesse. Auch damit, so Eidens, wird Mehrwert generiert, allerdings mit anderen Ressourcen und in anderem Set-up. Die unternehmensinternen Kunden sind hierbei nicht nur die Top-200-Führungskräfte, sondern alle 58 000 Merck-Mitarbeiter. Dieser Teil von HR ist klassisch nach Prozessen und Geografie aufgebaut. Aber auch in diesem traditionellen HR-Bereich spielen Digitalisierung und die digitale Abbildung von Prozessen eine immer größere Rolle. Wo bisher ein HR-Generalist am Bildschirm einen Versetzungsantrag prüfte oder eine Gehaltserhöhung oder Adressänderung verifizierte, übernimmt das künftig der Mitarbeiter selbst auf digitalen, komplett automatisierten internen Plattformen, vergleichbar zum Beispiel mit dem Onlinebanking, bei dem Nutzer selbstständig per Mausklick Adressen oder Überweisungslimits ändern. Diese Plattformen erforderten erhebliche Investitionen in Prozessstandardisierung sowie die HR-IT-Infrastruktur. »Ich vergleiche es gerne mit einer ERP-Einführung. Wir haben uns das in den vergangenen Jahren einen mittleren zweistelligen Millionenbetrag kosten lassen«, so Eidens. Und sofort ergänzt er: »Das war nicht nur die größte, sondern auch die beste Investition in HR bei Merck – HR wäre ohne die nun vorhandenen Daten, Technologien und Infrastrukturmaßnahmen nicht dazu in der Lage, seinen Beitrag zur Unternehmensentwicklung zu leisten.«

Die skizzierten Veränderungen der HR-Funktion spiegeln sich zusammenfassend zum einen in neuen Personalstrukturen innerhalb der Personalabteilung wider, haben aber dadurch auch Auswirkungen auf die Kompetenzprofile der HR-Mitarbeiter, die zum Teil weit über die traditionellen Anforderungen der reinen Personalverwaltung hinausgehen. Dies bedarf weiterer Investitionen in Schulung und Ausbildung der circa 500 HR-Mitarbeiter bei Merck. Zusätzlich müssen bestimmte Kompetenzen von außen eingekauft werden, um die Transformation weiter voranzutreiben.

Zudem, führt Eidens weiter aus, gehört zur Neuaufstellung von HR auch eine Abkehr vom traditionellen Begriff der »Struktur«: Organisationsstruktur oder Personalstruktur sind Begrifflichkeiten, die eine Art von Statik, Stabilität und Abgrenzbarkeit suggerieren, die schon länger nicht mehr von der ökonomischen Realität der Geschäfte und der Funktionen gedeckt wird. Die Geschwindigkeit und die Frequenz der Veränderungen sowohl von außen als auch aus dem Inneren der Organisation – etwa durch Zukäufe und entsprechende Integrationserfordernisse – haben die Schlagzahl auch im HR-Bereich enorm erhöht.

Wie gelingt die Transformation der Workforce ganz praktisch, heruntergebrochen auf den einzelnen Arbeitsplatz?

Hierbei arbeitet Merck sowohl mit bewährten Personalrekrutierungs- und -schulungsinstrumenten als auch mit neuen Ansätzen, etwa dem sogenannten »Open Market Place for Talents«, wie das Instrument Merck-intern genannt wird. »Wir schaffen einen offenen Marktplatz, auf dem Talentangebot und -nachfrage transparent dargestellt werden und zueinanderfinden«, so Eidens. »Mitarbeiter können sich freiwillig mit ihren jeweiligen Talentprofilen auf diesem internen Portal anbieten. Das ist zwar nichts revolutionär Neues – neu daran bei Merck ist jedoch die Transparenz, die ohne die bisherige Steuerung durch HR hergestellt wurde.«

Die größte Herausforderung, so Eidens, stellen bei diesem digitalen Angebots- und Nachfrage-Match Teile des traditionellen mittleren Managements dar. Dort herrscht teilweise noch die Meinung vor, Mitarbeiterabwanderungen könnten nicht oder nur schwer kompensiert werden. Der verständliche Wunsch nach Stabilität und Planungssicherheit ist auch in Zeiten nachhaltiger Transformation nicht restlos von der Hand zu weisen. Dies bedeutet im Prinzip, dass solche neuen Wege der Personalarbeit auszubalancieren sind. So wurden bestimmte kritische Bereiche definiert, wie zum Beispiel Forschung und Entwicklung, in denen sich die Experten bereits in der Endphase der Entwicklung eines strategisch wichtigen Healthcare-Produkts befinden. »Dort«, so Eidens, »können wir es nicht zulassen, dass sich ein Teil der Beschäftigten beruflich neu orientiert.« Daher werden im Vorfeld der Profilveröffentlichung auf dem Open Market Place mit den Geschäftsbereichen sogenannte »Off-limits«-Bereiche festgelegt, in denen sich das freie Spiel der Talent-Marktkräfte dann zeitweise nicht mehr ganz so frei entfalten kann.

Was die Personalzusammensetzung bei Merck betrifft, so unterscheidet Eidens drei Rollenprofile: Managerrollen, Expertenrollen und Projektrollen. »Speziell bei den Führungsrollen haben wir einige neue Anforderungen formuliert, die damit zusammenhängen, dass sich aufgrund weiterentwickelter Personalstrukturen in den Merck-Geschäften auch die Anforderungen an die Führungskräfte fundamental verändert haben und weiter verändern werden. Die Managerrolle bewegt sich tendenziell weg von einer Themen- und Inhaltsführerschaft hin zur Rolle des Organisationsnavigators und Ressourcenmanagers. Heute und in Zukunft noch viel stärker differenzieren sich Führungskräfte nicht mehr so sehr über inhaltliche Expertise und themenspezifisches Wissen, sondern über die Fähigkeit, in einer Organisation navigieren zu können, neue Bedürfnisse der Kunden und Mitarbeiter bedienen zu können, dabei politische Sensibilität an den Tag zu legen und sich formell wie informell vernetzen zu können. Des Weiteren geht es darum, personelle und materielle Ressourcen nicht nur über eine fest zugeordnete Organisationsstruktur einzusetzen und zu führen, sondern innerhalb eines Pools zu nutzen, und zwar immer dann und immer solange sie benötigt werden.«

Um noch einmal auf den in den bisherigen Ausführungen häufiger benutzten Begriff »Struktur« zu kommen: Dietmar Eidens weist immer wieder darauf hin, dass ebendieser Begriff mit einer Vorstellung von Stabilität, wenn nicht sogar Rigidität, konnotiert ist, die den realen Transformationsprozess von Geschäften und Workforce nicht mehr hinreichend abbildet. Wenn zum Beispiel Ressourcen je nach Bedarf gepoolt werden, zeigen solche fluiden Anordnungen eher eine Art amöbenhaften Charakter statt den einer beständigen, unverrückbar starren Struktur. Realistischerweise aber, so Eidens, geben beide Organisationsprinzipien bei Merck noch ein gemischtes Bild ab. »Wir sehen speziell in jenen Unternehmensbereichen, die traditionell Führung über feste Strukturen und Hierarchie definiert haben, die größte Notwendigkeit der Veränderung, die genau dort auch den größten Mehrwert schaffen kann. Dazu zählt nicht zuletzt der HR-Bereich selbst. Grund hierfür ist zum einen die generelle Tendenz hin zum Einsatz von Expertenprofilen. Zum anderen beobachte ich, dass einzelne Wissens- und Fachgebiete in HR komplexer geworden sind und in viel höherem Maße sowie in kürzeren Intervallen Veränderungen im Produkt- oder Lösungsportfolio unterliegen.«

Traditionelle Gestaltungselemente wie Organisations- oder Personal*strukturen* sind schlicht dadurch obsolet geworden, dass in einer noch nie da gewesenen Geschwindigkeit und Intensität agil auf Veränderungen reagiert werden muss, die entweder von außen, etwa durch veränderte Kundenbedürfnisse, getrieben sind oder von innen durch ständig anzupassende neue Geschäftsmodelle. Schon aus diesem Grund, so Eidens, existieren Merck-interne Jobprofile nur noch in den drei Kategorien Führungskräfte, Experten und Projektmitarbeiter.

Letztere hatten in den vergangenen Jahren bei Merck einen Anteil von unter 20 Prozent; in den nächsten fünf bis zehn Jahren dürfte ihr Anteil laut Eidens auf 30 bis 40 Prozent ansteigen. Dies hängt vor allem damit zusammen, dass der Planungshorizont für strategische Entscheidungen und deren Implementierung immer mehr zusammenschrumpft. Prozesse, die sich früher über viele Jahre, wenn nicht Jahrzehnte gestreckt haben, bis sie Auswirkungen auf das Geschäftsmodell eines Unternehmens zeitigten, entwickeln sich heute innerhalb nur weniger Jahre und zwingen Unternehmen zum ebenso schnellen Umdenken und Neudefinieren ihrer Businessgewohnheiten. Ohne die Möglichkeit, darauf schnell und agil reagieren zu können, verlieren Unternehmen ebenso schnell den Anschluss an die neue Geschäftswelt. Projektgesteuerte Organisationen sind erheblich im Vorteil, was Tempo und Anpassungsfähigkeit anbelangt. Nichts mehr ist in dieser volatilen, unsicheren, komplexen und von Ambiguität geprägten VUKA-Welt vorhersehbar und bis ins letzte Detail planbar. »Das Überlebenskriterium für ein Organisationsmodell ist tatsächlich die Fähigkeit der Anpassung, wie sie auch Charles Darwin für die evolutionäre Entwicklung der Lebewesen auf der Erde herausgearbeitet hat«, sagt Dietmar Eidens. Das heiße zwar durchaus nicht, dass einstmals im Silicon Valley favorisierte Modelle der basisdemokratischen Führungsrotation zielführend seien, zumal sich die einschlägigen Unternehmen von diesem Prinzip bereits wieder distanziert haben. Es gehe vielmehr um die flexible Bereitstellung unterschiedlicher Führungsmodelle je nach Unternehmenszweck und Geschäftsmodell. So seien weder ein fehlerfreudiger Chirurg oder Linienpilot noch ein experimentierfreudiges Forschungs- und Entwicklungsteam ohne Fokus auf ein gewünschtes Ergebnis und dessen Qualitätskontrolle in solchen Ausformungen von Agilität wirklich zielführend.

Dietmar Eidens führt zum Schluss noch einen wichtigen Aspekt für die immer erfolgsrelevantere Rolle der HR-Funktion für die Zukunft und für die Überlebensfähigkeit des Unternehmens an. Schon lange haben Personalverantwortliche für ihren »seat at the table«, also ihren Stuhl im Unternehmensvorstand, gekämpft – und dafür, dass dort ihrer Stimme ein entscheidendes Gewicht eingeräumt werden sollte. Dieses Ziel haben inzwischen mehr als 80 Prozent der Personalverantwortlichen erreicht. Der Vorstandssessel allein hat aber so lange keine Relevanz, solange nicht darauf geachtet wird, welchen messbaren Beitrag die HR-Verantwortlichen für das gemeinsame Voranbringen des Unternehmens leisten. Eidens: »Der Sitz am Vorstandstisch ist nur ein Zwischenschritt, der aber von vielen schon als endgültiges Ziel betrachtet wird. Der Sitz ergibt nur dann Sinn, wenn HR Expertise, Daten und Fakten, eingebunden in Produkte und Lösungen, anbietet und damit nachweisbar Mehrwert generiert. So ist eine der wichtigsten HR-Aufgaben, die Personalkosten – bei Merck immerhin mehr als vier 4 Milliarden Euro pro Jahr – aktiv zu managen und durch effektive Personalplanung zu optimieren. Das ist konkret, planbar und messbar.«

Jeder Businessplan braucht einen Finanzplan sowie einen voll ausgearbeiteten People-Plan. Diesen einfachen Ansatz verfolgt Merck bei der Implementierung seiner Transformationsstrategie sehr konsequent. Und das, so betont Dietmar Eidens, stets unter Einsatz datengetriebener Technologien, was sowohl der Abwicklung der operativen und administrativen Personalprozesse als auch der Unterstützung der strategischen Personalarbeit zugutekommt.

Die breite Einführung künstlicher Intelligenz am Arbeitsplatz, so Eidens, stellt den nächsten großen Quantensprung dar, den nächsten Riesenschritt, der die bisherige, ohnehin schon anspruchsvolle Entwicklung in einigen Jahren weiter hin zu Mensch-Maschine-Interaktionen für bestimmte Rollen und Aufgaben im Konzern bringen wird. Dann, so meint er, müssen viele der bisherigen Möglichkeiten noch einmal neu bewertet werden, inklusive ihrer impliziten Risiken. Das Potenzial für die Unternehmensentwicklung hinsichtlich Effizienz und Produktivitätssteigerungen durch neue Technologien dürfte enorm sein, aber auch ihr möglicherweise negatives Potenzial darf nicht außer Acht gelassen werden. Dies nicht nur hinsichtlich der betroffenen Arbeitsplätze oder nicht mehr zeitgemäßen Mitarbeiterprofile, sondern darüber hinaus hinsichtlich der Auswirkungen auf den sozialen Frieden in der Gesellschaft. Jede Veränderung der Personalstruktur oder des Personalbestandes der rund 58 000 Merck-Beschäftigten hat politische und soziale Implikationen in vielerlei Hinsicht. »Als werteorientiertes Familienunternehmen mit mehr als 350 Jahren Geschichte nehmen wir auch die negativen Folgen künftiger Formen von Digitalisierung und Technologisierung am Arbeitsplatz sehr ernst und bedenken mögliche negative Begleiterscheinungen von Transformationsprozessen im Vorhinein«, fügt Dietmar Eidens hinzu.

Noch eine letzte Frage an den HR-Chef, der diesen Transformationsprozess bei Merck aktiv begleitet und engagiert vorantreibt: Was, wenn die oben erwähnte Androiden-Frau Elenoide ihm eines Tages auf seinem Posten als Chief HR Officer nachfolgt? »Das fände ich dann in der Tat eine sehr, sehr spannende Entwicklung, die ich mit großem Interesse verfolgen würde und auf die ich auch ein wenig stolz wäre.«

Magenta im Blut – die Sustainable Workforce

Die Deutsche Telekom gehört heute mit rund 184 Millionen Mobilfunk-Kunden, 27,5 Millionen Festnetz- und 21 Millionen Breitbandanschlüssen zu den führenden integrierten Telekommunikationsunternehmen weltweit. Das Unternehmen ist in 50 Ländern vertreten und erwirtschaftete im Jahr 2019 mit 211 000 Mitarbeitern einen Umsatz von 80,5 Milliarden Euro. Die Telekom betreibt technische Netze für den Betrieb von Informations- und Kommunikationsdiensten wie Telefon, Datennetzen oder Onlinediensten sowie das hauseigene Fernsehangebot Magenta TV. Damit hat sich das Unternehmen konsequent weiterentwickelt von der klassischen Telefongesellschaft hin zu einer Servicegesellschaft ganz neuen Typs. Das Kerngeschäft, also der Betrieb und Vertrieb von Netzen und Anschlüssen, bleibt dabei die Basis. Aber zugleich engagiert sich der führende europäische Telekommunikationsanbieter offensiv in Geschäftsaktivitäten, in denen sich neue Wachstumschancen eröffnen.

Birgit Bohle ist seit 2019 Vorständin für Personal und Recht der Deutschen Telekom AG. Zuvor war sie in verschiedenen Managementpositionen tätig, zuletzt als Vorsitzende des Vorstandes der DB Fernverkehr AG.

Birgit Bohle

Vorstandsmitglied Personal und Recht, Arbeitsdirektorin Deutsche Telekom AG

Der Überbau: Wie verändert sich der Telekommunikationssektor?

In der Telekommunikationsbranche herrscht schon seit vielen Jahren ein enormer Digitalisierungsschub, der im Zuge der Corona-Krise noch einmal an Dynamik zunimmt. Die Nutzer erwarten problemlosen Internetzugang überall, haben erhöhte Anforderungen an Übertragungsgeschwindigkeiten, entfalten größeren Datenhunger sowohl im Festnetz als auch auf den mobilen Geräten. Und das alles getriggert durch intensivere Nutzung vorhandener Anwendungen und Erwartungen an leistungsfähige Infrastruktur wie etwa 5G-Netze oder Glasfaserkabel. Dazu kommt ein zunehmend stärkeres Bedürfnis nach Sicherheit der Daten und der Netze, da auch die Gefährdung durch Cyberangriffe auf Daten und Netze gestiegen ist und weiter steigen wird. Ebenso wächst das Bewusstsein für die notwendige Zuverlässigkeit der Datenübertragungen, wie etwa bei neuen Diensten wie dem autonomen Fahren. Denn eine Unzuverlässigkeit hierbei kann im Vergleich zu einer klassischen Datenübertragung, zum Beispiel der eines Films, verheerende Folgen haben.
Gleichzeitig verändern sich auch das Kundenverhalten und die Erwartungshaltung der Nutzer dramatisch. Kunden vergleichen heute die Nutzerfreundlichkeit zwischen einzelnen Anbietern und über die Sektoren hinaus beständig, während sie früher das Angebot und die Gepflogenheiten »ihres« Anbieters als gegeben hinnahmen und sich damit zufriedengaben. Birgit Bohle: »Wenn zum Beispiel Netflix mit seinem ganz anderen Geschäftsmodell eine besonders benutzerfreundliche Platt-

form etabliert, dann ist das für uns der Benchmark. Und wenn Aktivitäten der Kundenbindung in einer anderen Branche sehr erfolgreich sind, dann müssen wir auch davon lernen, denn unsere Kunden übertragen diese Erwartungen auch auf uns.« Insofern sind die Anforderungen an Kunden- und Nutzerzentrierung für die Telekom enorm gestiegen, so dass auch neue Benchmarks von Unternehmen mit unterschiedlichen Geschäftsmodellen auch jenseits der Telekommunikationsbranche gesetzt werden. Hinzu kommt, dass die Telekom auch ihre Rolle in der Gesellschaft neu definiert hat. Was wäre etwa zu Corona-Krisenzeiten passiert, wenn die Arbeit der Servicekräfte und Netzwerkexperten von ihrem jeweiligen Zuhause nicht funktioniert hätte? Oder die Techniker die erforderlichen Arbeiten trotz der Pandemie nicht mehr vor Ort ausgeführt hätten? Auf dieses nicht uninteressante Detail kommen wir gleich zu sprechen.

Die Telekommunikationsdienstleistungen sind durch die Digitalisierung und jüngst durch die Corona-Krise wieder als gesellschaftliches Gut, als eine Art Grundversorgung, verstärkt ins Bewusstsein gerückt. Stabile Netze sind für eine funktionierende Gesellschaft wichtiger denn je. Dort, wo physische Nähe massiv eingeschränkt ist, schaffen sie digitale Nähe. »Wir müssen uns als Telekom stets vergegenwärtigen, dass wir ein Unternehmen sind, das auch gesellschaftliche Verantwortung trägt«, fasst Birgit Bohle zusammen. »Digitale Teilhabe ist heute ein Grundbedürfnis der Menschen. Da leisten wir einen immens wichtigen Beitrag.« Zugleich ist die Telekom den Beschäftigten und als Unternehmen im Wettbewerb und am Kapitalmarkt ebenso den Anteilseignern verpflichtet. Diesen mitunter unterschiedlichen Ansprüchen dieser Interessengruppen gerecht zu werden ist die Aufgabe der Telekom-Führung. Im Gegensatz zu vielen Start-ups, die von Anfang an gewohnt sind, nah an den Kunden die Probleme dieser Kunden zu lösen, basierte der Erfolg vieler traditioneller deutscher Großunternehmen auf überlegener Technik und Ingenieurskunst. Die Strategie kreiste vorwiegend um diese »tolle Technik«, und schaute erst in zweiter Linie darauf, ob sich für dieses Produkt auch Kunden interessieren. Auch die Telekom (und ihre Vorläuferorganisation Deutsche Bundespost) hatte die Kunden nicht immer im Fokus und musste sich schon einigen Transformationsprozessen unterziehen, um ihr Geschäftsmodell immer konsequenter auf die Bedürfnisse der Kunden auszurichten. Gleichzeitig mussten auch die Kosten sinken, um im Wettbewerb zu bestehen. Kein Kunde bezahlt für ineffiziente Prozesse. »Wir sind darauf angewiesen, ständig effizienter und schlanker zu werden, auch durch Digitalisieren und Automatisieren«, fasst Birgit Bohle diesen permanenten Transformationsprozess der Telekom zusammen. »Unser Anspruch lautet: Wir wollen ›The Leading European Telco‹ sein. Das erfordert unternehmensintern sowohl eine konsequente Humanzentrierung wie auch eine Führungsrolle bei der Digitalisierung des eigenen Geschäftsmodells.«

Humanzentrierung und Sustainable Workforce

Beginnen wir in diesem Zusammenhang mit einem der zentralen Begriffe für Birgit Bohles Verständnis als Personalvorständin der Telekom, und der lautet »Sustainable Workforce«.

Für sie besitzt dieser Begriff zwei Pole – einmal die eher technokratische Begrifflichkeit Workforce im Sinne der produktiven Arbeitskräfte, die auf der Gehaltsliste des Konzerns stehen. Zum Zweiten formuliert »Sustainable« den Anspruch von Nachhaltigkeit. Hierzu muss in die Fähigkeiten der Belegschaft permanent investiert und eine Unternehmenskultur gefördert werden, die auf Basis eines gefestigten Wertekanons zu Leistung movitiert. Die Grundlage dafür ist, dass die Menschen im Unternehmen eben als genau das gesehen werden: als Menschen. Menschen mit ihren ganz besonderen Fähigkeiten und Möglichkeiten. Menschen, die wissen wollen und müssen, was genau ihr persönlicher Beitrag dazu ist, das Unternehmen erfolgreich zu machen. Und die in ihrer Tätigkeit nicht nur den Sinn für das Unternehmen Telekom, sondern für die Gesellschaft als Ganzes erkennen können. Und Menschen, die nicht zuletzt vom Unternehmen unterstützt werden und entsprechende Wertschätzung erfahren. »Ich nenne das Humanzentrierung. Diese Humanzentrierung ist kein Selbstzweck im Sinne der Herstellung einer Wohlfühlatmosphäre im Unternehmen. Vielmehr ist sie zutiefst unternehmerisch. Es geht im Sinne einer ganzheitlichen Win-win-Konstellation um das Wohl des einzelnen Menschen im Unternehmen und den Erfolg des Unternehmens als Ganzes. Wir haben das im Personalbereich mit dem Anspruch ›Supporting People. Driving Performance‹ auf den Punkt gebracht«, so Birgit Bohle.
Während der Corona-Krise habe sich bei der Telekom das Zusammenwirken beider Pole gut beobachten lassen, sagt die Arbeitsdirektorin und macht das an einem praktischen Beispiel fest. »In den Servicecentern, also den Callcentern der

Telekom, gab es vor Corona nur eine ganz geringe Quote von Mitarbeitern, die im Homeoffice arbeiteten.«

Die frühere Zurückhaltung, auch der Telekom, gegenüber der an den heimischen Schreibtisch ausgelagerten Arbeit im Kundenservice rührte übrigens aus den gleichen, auch in anderen Unternehmen weit verbreiteten Sorge um die Produktivität der Beschäftigten. Das änderte sich bei der Telekom schlagartig innerhalb einer Woche, als wegen der Gesundheitsgefahren durch Corona sämtliche Servicekräfte, außer den rund 7000 Kolleginnen und Kollegen im Außendienst, von zu Hause aus arbeiten sollten. »Wir wollten ja unbedingt die Gesundheit dieser Mitarbeiterinnen und Mitarbeiter schützen. Und haben uns letztlich für den Weg des Vertrauens entschieden. Da wir keine Laptops für alle hatten, haben viele Beschäftigte selber ihre Rechner und Bildschirme in den Servicecentern abgebaut, sie zu Hause wieder aufgebaut, und wir haben parallel die IT hochgefahren. Und es geschah tatsächlich ein kleines Wunder: Die Produktivität stieg sogar, sie war höher als vorher«, so Birgit Bohle.

Offene Unternehmenskultur

Basis dafür ist eine starke Unternehmenskultur. Anfang 2019 hat Birgit Bohle eine Kulturinitiative für die Telekom ins Leben gerufen. Nicht weil die Kultur schlecht war, so Bohle. Vielmehr ging es um den Blick nach vorn: Gibt die Unternehmenskultur von heute Antworten auf die Herausforderungen von morgen? Was ist der höhere Unternehmenszweck der Telekom? Was erwarten die Kunden in einer digitalisierten Welt

vom Unternehmen? Mit wem und in welchen Märkten konkurrieren wir künftig? Aber auch: Wie können junge Menschen dafür begeistert werden, für die Telekom zu arbeiten?
Eine gewachsene und gleichzeitig für Veränderungen offene Kultur hat den entscheidenden Einfluss auf die »Vitalfunktionen« von Unternehmen: Kunden- und Mitarbeiterzufriedenheit, Geschäftserfolg, gesellschaftliche Akzeptanz und Teilhabe.
»Jeder Mensch möchte etwas Sinnvolles tun. Deshalb habe ich gleich zu meinem Start bei der Telekom eine Bewegung gestartet und die Devise ausgegeben: Lasst uns über unsere Kultur debattieren und darüber, welchen Sinn unsere Tätigkeit stiftet. Das haben wir zunächst in unzähligen Workshops und Diskussionsrunden mit Tausenden Menschen im Unternehmen diskutiert. Das Ergebnis haben wir in diesen Leitsatz gegossen: ›We won't stop until everyone is connected‹. Das ist unser Purpose, unser Unternehmenszweck. Das drückt unsere Identität in nur einem Satz aus: ›Wir geben uns erst zufrieden, wenn alle dabei sind‹. Das ist unser Anspruch, was wir Menschen im Unternehmen für die Kunden, für das Unternehmen, für die Gesellschaft leisten. In der Corona-Krise war jedem einzelnen unserer Beschäftigten glasklar, wie wichtig unsere Arbeit gerade in dieser Krise für die Gesellschaft ist. Die Wertschätzung der Kunden und das Wissen, etwas Sinnvolles zu tun, das motiviert. Ausschließlich für den Unternehmensgewinn oder den Shareholder-Value hart arbeiten zu sollen, das motiviert die meisten Menschen überhaupt nicht.«
Eine lebendige Kultur, die sich durch starke Identifikation mit dem Unternehmen auszeichnet, ist vor allem auch für die Beschäftigten im Service ein hoher Motivationsfaktor.

So spielten die Vielen Servicekräfte, die rund 270 000 Kundenkontakte pro Tag bearbeiten, in der Krise eine noch wichtigere Rolle als zuvor. Denn über mehrere Wochen waren ja in diesen Monaten auch sämtliche Telekom-Shops in Deutschland geschlossen, sodass noch mehr Kunden als sonst ihre Anliegen nur noch telefonisch vortragen konnten.

Das meint Birgit Bohle mit dem wichtigen Beitrag für die Gesellschaft, den die Beschäftigten leisten und auf den sie stolz sein können. »Wir müssen unsere digitale Infrastruktur gerade in solchen Zeiten am Laufen halten und den Menschen einen guten Service bieten. ›Dabei‹ sein zu können ist für die Menschen in Deutschland wichtiger denn je. Hier leisten wir einen wichtigen Beitrag zum Gemeinwesen«, so die Personalvorständin.

Der Telekom-Ansatz erfordert Empathie und gegenseitiges Vertrauen. Birgit Bohle fügt noch das Beispiel der Servicetechniker an, die, wenn Kundenprobleme nicht mehr telefonisch gelöst werden können, beim Kunden vor Ort zum Beispiel eine Leitung im Keller auf mögliche Beschädigungen überprüfen müssen. Für diese Servicetechniker hätte zu Beginn der Corona-Pandemie noch nicht genügend Schutzbekleidung zur Verfügung gestanden. Die Überzeugung, in Notfällen einen wichtigen Beitrag zum Funktionieren der Konnektivität des Kunden leisten zu können und zu wollen, habe diese Servicemitarbeiter dennoch motiviert bei der Stange gehalten. Und gleichzeitig hätte die Führungsmannschaft in diesen Wochen alle Hebel in Bewegung gesetzt, um die angemessene Ausrüstung zum Wohle der Beschäftigten schnell zu beschaffen, was von den Beschäftigten anerkannt wurde.

In einer Vielzahl von Aktionen wurde zudem die Wertschätzung gegenüber den Beschäftigten zum Ausdruck gebracht. Sustainable competitive Workforce – dazu gehört laut Birgit Bohle aber nicht nur eine Dankeskultur für geleistete Arbeit, sondern auch eine entsprechende monetäre Wertschätzung dieser Arbeit. So habe man sich mit der Dienstleistungsgewerkschaft Verdi im März in der Hochphase der Krise in Rekordzeit auf einen Tarifabschluss verständigt und die Gehälter um bis zu fünf Prozent angehoben.

Wertschätzung ist aber vor allem auch eine Frage der Kultur und der Identität. »Wir sind die Deutsche Telekom, nicht irgendeine Telco. Und diese Telekom-Identität zeichnet sich aus durch Werkstolz, durch das, was wir ›Magenta im Blut‹ nennen.«

Als kleines Beispiel zur Versinnbildlichung dieses Werkstolzes berichtet Birgit Bohle von einer durch sie initiierten Aktion während der Pandemie-Krise: Sie ließ von einem deutschen Mittelständler in der Eifel magentafarbene Mund-Nasen-Masken mit dem weißen Telekom-»T« darauf nähen, von denen jeweils zwei Stück an die Mitarbeiter nach Hause versendet wurden, zusammen mit einem von Birgit Bohle persönlich verfassten Begleitbrief. »Ich hätte nie für möglich gehalten, wie gut das ankam, als wie wertschätzend das die Kolleginnen und Kollegen empfunden haben«, berichtet die Personalvorstandsfrau.

So hätten sich zahlreiche Mitarbeiter auf Social Media bedankt und Fotos von sich mit ihren Telekom-Masken bei Besuchen im Supermarkt oder beim Arzt gepostet. Zugleich habe sie Hunderte von E-Mails erhalten von jenen Mitarbeitern, die während der vier Wochen dauernden Aktion noch auf ihre Maske warten mussten nach dem Motto: Wie lange muss ich mich noch gedulden, ich will diese Maske unbedingt und sofort tragen! Das ist wirklich gelebte Identifikation mit dem Unternehmen durch die Mitarbeiter. Und gleichzeitig auch die Haltung des Unternehmensvorstands in Form einer kleinen Geste, die dieses Beispiel für Humanzentrierung dokumentiert.

Belohnt wurde und wird die Telekom für die vorbehaltlose Humanzentrierung seines Corona-Managements nicht zuletzt auch mit einem historisch niedrigen Krankenstand nicht nur bei den Büroarbeitern, sondern auch bei den Mitarbeitern im Außendienst. Er betrug sehr niedrige drei Prozent in Deutschland, und in ganz Europa verzeichnete die Telekom eine Fehlzeitenquote von gerade mal einem Prozent. So reflektiert Gesundheit im Betrieb zu einem Teil auch Arbeitszufriedenheit und Wertschätzung der geleisteten Arbeit – nicht nur seitens des Managements, sondern auch seitens zufriedener Kunden. Und gleichzeitig ist eine hohe Gesundheitsquote für jedes Unternehmen ein harter Produktivitätsfaktor. Dies, so Bohle, sei ein Beispiel, wie sich Sustainable Workforce und Effizienz geradezu gegenseitig bedingen.

Anhaltender Transformationsprozess

Ein Unternehmen wie die Telekom muss natürlich produktiv und profitabel sein. So befindet sich das Unternehmen schon seit vielen Jahren in einem kontinuierlichen Transformationsprozess, der mit sozialverträglichem Abbau von Arbeitsplätzen verbunden war und ist. Effizienz bei allen Prozessen ist unabdingbar für den Markterfolg, da die Preisbereitschaft der Kunden bei zu teuren Lösungen schnell ihr Ende findet.

Ein wichtiger Treiber, um die Effizienz bei der Telekom kontinuierlich zu verbessern, ist eine weiter steigende Qualität von Produkt und Service. Birgit Bohle: »Qualität und Wirtschaftlichkeit werden ja mitunter als Gegensatz diskutiert. Das Gegenteil ist der Fall. Das wird Sie vielleicht überraschen, aber einer der Haupttreiber für effizientere Prozesse ist genau der Umstand, dass wir immer weniger Fehler machen. Das ist neben vielen anderen Faktoren auch das Ergebnis der Arbeit unserer Entwicklungsingenieure. Die haben, um nur ein Beispiel zu nennen, einen viel weniger fehleranfälligen Router konzipiert und designt, sodass ein Kunde problemlos damit zurechtkommt und eben nicht mehrmals im Servicecenter anrufen muss, um den Router zum Laufen zu bringen. Es sei denn, er hat wirklich ein gravierendes Problem, das er allein nicht lösen kann. Für uns ist die signifikant geschrumpfte Fehlerquote einer der Kerntreiber auch unserer Personalbedarfsplanung. Jeder Fehler, der nicht gemacht wurde und der auch nicht behoben werden muss, ist gut für alle Beteiligten – für den Kunden, für die Servicekräfte und letztlich für das Unternehmen!«

Ferri Abolhassan, verantwortlich bei der Telekom Deutschland für den Servicebereich, hat im Zuges dieses, wie er ihn nennt, »tadellosen« Kundenservice als Mantra für die gesamte Servicemannschaft eine neue Kennziffer kreiert: die Erstlösungsquote. Welcher Kunde auch immer welches Anliegen hat, es soll idealerweise beim ersten Kontakt gelöst werden. Das ist natürlich zuallererst für den Kunden gut, der nicht mehrmals anrufen muss, aber das zahlt sich auch für die Produktivität und damit für den Geschäftserfolg der Telekom aus. So müssen zum Beispiel die Servicetechniker nicht mehrmals ausrücken, was ja mit weiteren Kosten fürs Unternehmen verbunden ist.

»Moments that matter«

Zur Humanzentrierung zählt Birgit Bohle noch einen weiteren Kernbegriff ihrer HR-Abteilung: »Moments that matter«. Also: Momente, die zählen. Das heißt, dass es im Lebenszyklus der Mitarbeiter Momente gibt, die sich tief eingeprägt haben und die einen Unterschied machen gegenüber dem gewöhnlichen Alltagsablauf. In der Regel erinnert sich jede und jeder an den ersten Arbeitstag bei einer Firma. Oder dann auch noch an die ersten Phasen am neuen Arbeitsplatz. Das sind einschneidende und besonders einprägsame Erfahrungen, deren Relevanz Birgit Bohle erkannt hat: »Wir wollen gewährleisten, dass sich die Menschen von Anfang an bei uns willkommen fühlen. Und natürlich sollen sie vom ersten Arbeitstag an gute Arbeitsvoraussetzungen bei uns vorfinden und sofort voll arbeitsfähig sein. Das sollte eigentlich eine Selbstverständlichkeit sein, erfordert aber gründliche Vorbereitung.« Die Telekom hat sich zudem etwas einfallen lassen, was wohl nicht überall selbstverständlich ist: ein digitales »Onboarding« über die verschiedenen Länder hinweg, in denen das Unternehmen aktiv ist. Mit diesem Onboarding sollen Identität und Kultur vermittelt werden. Im Rahmen eines dreistündigen digitalen Events stellen unter anderem Telekom-Vorstände das Unternehmen Telekom vor, erklären die Zielsetzungen des Konzerns und beantworten darüber hinaus zahlreiche Fragen der Neuankömmlinge. »Wer neu zu einem Unternehmen kommt, hat seine Antennen sehr intensiv auf Empfang gestellt. Da wollen wir das Richtige und Wichtige für unsere künftigen Mitarbeiter senden«, sagt Birgit Bohle. »Sie sollen sich bei uns willkommen und wertgeschätzt fühlen, und wir möchten ihnen einen ersten positiven Eindruck unserer Kultur und Identität auf den Weg mitgeben.«

Auch der Umgang mit der Corona-Pandemie ist ein solcher »Moment that matters«. Daher hat die Telekom für die Beschäftigten eine psychologische und medizinische Hotline eingerichtet, auf der die Mitarbeiter – anonym – von Problemen mit der Pflegebedürftigkeit ihrer Familienmitglieder bis hin zu ihren Ängsten vor Ansteckung mit dem neuartigen Virus anrufen können und Rat und Hilfe erfahren. In den ersten Wochen der Pandemie haben Hunderte Telekom-Beschäftigte von dieser Möglichkeit Gebrauch gemacht, berichtet Birgit Bohle.

Was sind die großen Treiber bei der Telekom hinsichtlich Digitalisierung, KI und Robotik?

Die Telekom hat stets herausgestellt, dass sie auf die besten Netze und die beste Infrastruktur für den technologisch-digitalen Wandel setzt. Ohne diesen Premiumanspruch wären die Telekom-Produkte für den Kunden am Ende nicht wettbewerbsfähig. Immer führend im Bereich der Netze zu sein, das ist für die Telekom Grundvoraussetzung für den Geschäftserfolg. Aber der Ausbau der Netzinfrastruktur bis hinein in entlegene Empfangswinkel war früher ein vor allem hardwaregetriebenes Geschäft, in dem Sendemasten und Kabelkanäle mit Kupferleitungen die Hauptrolle spielten. Heute aber wird die Frage der Netzqualität zunehmend durch Software bestimmt. Eine Netzsteuerung im Mobilfunk verlangt zum Beispiel eine Antwort auf die Frage, wie sich Frequenzbänder optimal nutzen lassen. Daran besitzt Hardware zwar eine Komponente, aber die wesentlichen Funktionen werden inzwischen durch Software gesteuert. Insofern ist die Telekom in ihrem Selbstverständnis schon heute ein softwaregesteuertes Unternehmen.

Wenn Netzwerkqualität und Netzwerksteuerung massiv von Software abhängen, dann steht und fällt die zukünftige Wettbewerbsfähigkeit der Telekom mit dem Ausbau und dem Erhalt solcher neuen Kernkompetenzen. Die Skilltransformation begreift Birgit Bohle daher als eine ihrer zentralen Aufgaben als CHRO. Beginnend mit der strategischen Personalplanung und dem Skillmanagement bis zur Aus- und Weiterbildung und Recruiting.

Die Elemente der Skill Transformation

1. Strategische Personalplanung und Skillmanagement

Im Rahmen der strategischen Personalplanung muss zunächst analytisch aufgearbeitet werden, welche Fähigkeiten im Unternehmen jetzt vorhanden sind und welche in Zukunft mehr oder weniger benötigt werden. Das kann keine Personalabteilung allein herausfinden, sondern nur in Zusammenarbeit mit den jeweiligen Geschäftsbereichen: Was konkret verändert sich

Elemente der Skill Transformation

in den nächsten Jahren im Hinblick auf Technologie und Geschäftsmodelle? Welche strategischen Prioritäten verfolgt das Unternehmen? Und was bedeutet dies dann im Hinblick auf die benötigten Qualifikationen? Wie viele Menschen mit entsprechenden Fähigkeiten werden dazu gebraucht? Und von welchen Profilen hat die Telekom schlichtweg zu viele Mitarbeiter an Bord?

Aus dem Wandel zum softwaregesteuerten Unternehmen folgt für die Telekom strategisch, Software zunehmend selber entwickeln zu wollen. Dies übersetzt sich in einen viel höheren Bedarf an einschlägig kompetenten Fachkräften. Software Developer, Software Engineers und Data Scientists sind wie in vielen anderen Unternehmen auch bei der Telekom gesuchte Profile. Weniger Bedarf gibt es dagegen im Bereich des klassischen Projektmanagements. Solche Projektmanager waren früher zum Beispiel notwendig für die Zusammenführung von IT-Anwendungen der externen Dienstleister mit den Systemen der Telekom. Zunehmend jedoch basiert die Wettbewerbsfähigkeit der Telekom auf den eigenen Entwicklungsleistungen innerhalb des Konzerns.

Auch bedarf es mittlerweile weniger sogenannter Systemtester, die das Zusammenwirken bestimmter Systeme überprüfen. Das übernehmen inzwischen Algorithmen, die automatisiert solche Übereinstimmungen überprüfen. Woraus folgt, dass die Telekom statt Systemtestern künftig Algorithmen-Programmierer braucht. Birgit Bohle: »Diese und viele andere bisherige Aufgabenbereiche haben wir uns sehr systematisch angeschaut und gefragt: Wo geht der Personalbedarf eher nach unten, und wo entstehen neue Bedarfe? Das nennen wir strategische Personalplanung. Dabei wurden in den Geschäftsfeldern etwa fünf Berufsprofile identifiziert, die zunehmend weniger wichtig werden. Dafür aber haben wir für die nächsten drei bis fünf Jahre Bedarf an rund 7500 Spezialisten in den Bereichen Software Engineering, Software Development und Data Scientists. Zudem brauchen wir mehr Experten, die – wie wir das nennen – Digital Commercial beherrschen, also die digitale Produktentwicklung, die digitalen Kanäle, die gesamten digitalen Prozessketten.« So umschreibt Birgit Bohle den strategischen Personalbedarf, dessen Erfüllung durch Maßnahmen von der internen Qualifikation bis zum Recruiting eine ihrer wichtigsten Aufgaben der nächsten Jahre ist.

Auf der Grundlage dieses analytischen Gerüsts muss dann herausgearbeitet werden, wie genau die Wege vom derzeitigen

Ist-Zustand zum künftigen Soll-Zustand beschritten werden sollen, heruntergebrochen bis zum einzelnen Mitarbeiter. So werden in Einzelgesprächen systematisch die Fähigkeiten und Entwicklungsperspektiven der Mitarbeiterinnen und Mitarbeiter erfasst und diskutiert. Diese Gespräche im Rahmen des sogenannten Skillmanagements fördern zuweilen Überraschendes zutage. Zum Beispiel, dass jemand vor 20 Jahren einmal leidenschaftlich programmiert hat, was aber im dokumentierten Firmen-Lebenslauf nicht vermerkt ist. Aus dieser systematischen Ist-Soll-Analyse werden dann spezifische und maßgeschneiderte Qualifikationsangebote abgeleitet und zusammengestellt.

Birgit Bohle: »Skillmanagement unserer Belegschaft ist ein essenzieller Bestandteil unserer Personalarbeit. Hier geht es nicht mehr um die abstrakten strategischen Personalmehr- oder -minderbedarfe. Sondern um den einzelnen Mitarbeitenden. Es ist uns wichtig, dass wir den Menschen, die jetzt in Jobs sind, die aber an Bedeutung verlieren oder in Zukunft nicht mehr gebraucht werden, frühzeitig Perspektiven aufzeigen.«

2. Hundert Prozent Upskilling

Über allem steht die Devise: Hundert Prozent Upskilling. Die über 200 000 Mitarbeiter müssen ständig dazulernen und sich weiterqualifizieren, da heutzutage das aktuelle Wissen innerhalb weniger Jahre veraltet ist. Für ein solches Ökosystem des Lernens müssen Lernangebote aber auch leicht zugänglich sein, müssen Spaß machen, und das Unternehmen muss den Beschäftigten auch die notwendige Zeit und die notwendigen technischen Möglichkeiten dafür einräumen.

Birgit Bohle: »Beim Launch unserer neuen Lernplattform »youlearn« in Österreich wurde zum Beispiel am ersten Tag so viel gelernt wie im ganzen letzten Jahr nicht. Seit die Personalabteilung diese Plattform mit besonders nutzerfreundlicher Bedienfläche startete, explodieren die Lernzahlen geradezu. Wir müssen auch gegenüber unseren Mitarbeitern Kundenorientierung leben und einfache integrierte Lernmodelle anbieten. Mir ist wichtig, dass die Mitarbeiterinnen und Mitarbeiter Freude am Lernen haben. Dafür schaffen wir Anreize mit neuen, innovativen Formaten, die Spaß machen. Es braucht nicht immer die Schulung im Tagungshotel. Viel wichtiger sind flexible Lernformate und Lernzeiten. Dabei helfen uns digitale Trainingsangebote als ergänzende Elemente.« Fazit: Wer es ernst meint mit dem Imperativ, sich in eine lernende Organisation zu verwandeln, der muss auch entsprechende Lernangebote offerieren.

Wobei Birgit Bohle großen Wert darauf legt, dass das Thema Lernlust eine prominente Rolle einnimmt: »Ich betone noch einmal, dass die Mitarbeiterinnen und Mitarbeiter Freude beim Lernen haben sollen. Ich sage dabei immer: Der Mitarbeiter ist der eigene CEO seiner Entwicklung. Das ist nicht zuletzt auch eine Frage der Haltung. Ich investiere als Mitarbeiter nicht nur in meine Zukunft bei der Telekom, sondern auch in meine persönliche Entwicklung, möglicherweise auch außerhalb der Telekom. Die Bereitschaft zu lernen hat oft aber auch etwas mit der Fähigkeit zu lernen zu tun. Wir müssen unseren Mitarbeitern Angebote machen, die ihnen dabei helfen, ihre Komfortzone zu verlassen und Barrieren abzubauen. Und das kann auch mal ein steiniger Weg sein. Ich erinnere mich zum Beispiel an die Zeit, als ich das Kraulen lernte. Da habe ich am Anfang unglaublich viel Wasser geschluckt. Aber es lohnt sich, sich durch diese schwierige Anfangsphase durchzubeißen, auch wenn sie gar keinen Spaß macht. Und nicht von vornherein zu sagen ›Ich kann nicht kraulen‹ oder ›Ich bin kein Data Scientist‹, sondern sich auf die Lernreise einzulassen.«

3. Reskilling

Das ist eines der großen Themen auf der HR-Agenda der Telekom. Von den 94 000 Telekom-Beschäftigten in Deutschland verfügt ein gewisser Prozentsatz über Qualifikationsprofile, die die Telekom künftig nicht mehr benötigt. Sich von diesen Menschen zu trennen wäre nicht nur schwierig, sondern auch teuer. Das heißt, der kühle unternehmerische Blick eröffnet zunächst einmal einen Business-Case bezüglich des kostenträchtigen Reskillings. Der menschliche Aspekt – Stichwort: Sustainable Workforce – hingegen legt Wert auf die Erkenntnis, dass es sich um Mitarbeiter handelt, die mit hohem Engagement bei der Telekom arbeiten, mit »Magenta-Blut« und Werkstolz. Sie kennen zudem das Unternehmen bestens, müssen sich nicht erst wie Neueingestellte darin zurechtfinden.

So stand für die Telekom schnell fest, dass sie bewusst und in großem Stil ins Reskilling der Belegschaft insbesondere in Deutschland investieren würde. Hierzu wurden seit 2019 mehrere Telekom-eigene Akademien etabliert, deren Zielsetzung es ist, Mitarbeiter für die Zielprofile auszubilden.

Bei der Potenzialanalyse eines solchen Reskillings stand unter anderem auch diese Frage im Vordergrund: Welche Jobprofile haben aufgrund der heutigen Tätigkeiten und erforderlichen

Fähigkeiten eine gute Chance auf eine erfolgreiche Weiterbildung in das Zielprofil? Vom Telekom-Shop-Verkäufer bis zum Softwareentwickler ist es in der Regel ein ziemlich weiter Weg. Aber von einem Systemtester zum Softwareentwickler könnte dieser Weg möglicherweise verkürzt werden.

Daher wurden die Weiterbildungsprogramme differenziert nach Vorkenntnissen konzipiert. So zielt zum Beispiel die Software Engineering Academy auf Beschäftigte, die nur wenige bis gar keine Vorkenntnisse auf diesem Feld besitzen und nun neu ausgebildet werden und damit einen fundamentalen Karrierewechsel wagen. Dieses für alle Altersgruppen zugängliche Programm erstreckt sich über sieben Monate, in denen die Beschäftigten von ihrer angestammten Arbeit freigestellt sind. Die Erwartung an die Aspiranten ist, dass sie nach diesen sieben Monaten auf einem Junior-Level Software entwickeln können. Daher ist auch ein Eingangstest vorgesehen, um herauszufinden, ob die potenziellen Teilnehmer über bestimmte Grundvoraussetzungen wie analytisches und abstraktes Denken verfügen. Die Teilnehmer des ersten Academy-Lehrgangs waren übrigens zwischen Mitte 20 und Mitte 50, wobei die Älteren sogar die Mehrheit bildeten.

Einer der Erfolgsfaktoren ist, dass die Planung dieser Curricula in engem Schulterschluss zwischen den Geschäftsbereichen und der Personalabteilung ausgearbeitet wird. Und die Aspiranten schon einen konkreten zukünftigen Arbeitsplatz in Aussicht haben.

Was es mitunter nicht ganz einfach macht, Hunderte Beschäftigte auf diese Lernreise mitzunehmen, sind psychologische Hürden, die es zu überwinden gilt. Diese Mitarbeiter waren bisher oft Experten in ihren jeweiligen Bereichen, jetzt sind sie auf den noch unbekannten Gebieten, für die sie sich neu qualifizieren, blutige Anfänger. Das kann natürlich am Selbstbewusstsein nagen. Birgit Bohle setzt dagegen eine der Leitlinien, die sie aus ebendiesen Gründen ausgegeben hat: »Stay curiuos and grow.« Neugierig bleiben und über den bisherigen Wissensstand hinauswachsen – als Persönlichkeit und zum Wohle des Unternehmens.

Diese Devise des lebenslangen Lernens gilt auch für alle anderen Telekom-Mitarbeiter, die sich in ihren angestammten Tätigkeitsfeldern weiterqualifizieren. Die Devise gilt aber auch und vor allem für Führungskräfte, an die Birgit Bohle noch zusätzliche Anforderungen stellt: »Ich erwarte, dass Führungskräfte gegenüber ihren Mitarbeitern als Coach auftreten. Ein Coach hört zu, motiviert, sucht das persönliche Gespräch, begleitet und nimmt sich Zeit, gemeinsam mit dem Mitarbeiter seine Interessen und Fähigkeiten – und damit auch Lernpotenziale – zu identifizieren. Führungskräfte sollten ihren Mitarbeitern auch die nötige Zeit einräumen, sich zu entwickeln. Coach zu sein bedeutet für mich aber ebenso, regelmäßig Feedback zu geben, nicht nur im Jahresendgespräch, sondern vor allem situativ und spezifisch. So wird Lernen für beide Seiten zu einer täglichen Erfahrung.«

4. Quellmärkte der Talente erschließen

Ohne die Rekrutierung wichtiger Kompetenzen vom Arbeitsmarkt geht es auch trotz ausgeklügelter Reskilling- und Upskilling-Strategien für die angestammte Belegschaft nicht. Auch für die Telekom ist dabei zunehmend ein globales Sourcing sowohl fester als auch freier Mitarbeiter relevant. Nicht zuletzt ist dies auch dem Umstand geschuldet, dass sich in Deutschland allein von 2016 bis 2020 die Zahl offener Stellen für Softwareentwickler vervierfacht hat. Solche Nachfragen wie auch die der Telekom können selbstredend nicht allein vom deutschen Markt gedeckt werden. Im Zuge dessen, so Birgit Bohle, werde künftig mehr Arbeit, insbesondere Softwareentwicklungsarbeit, von Standorten in anderen Ländern übernommen. Birgit Bohle: »Selbstverständlich müssen wir uns auf die großen Quellmärkte der Talente begeben. Da hilft dann Mobile Working, weil es tatsächlich die Brücke zwischen der Telekom in Deutschland und den Auslandsstandorten baut. Wir sind schon heute in der Lage, kollaborativ-digital zu arbeiten, auch wenn dabei natürlich Zeitunterschiede zwischen den verschiedenen Ländern eine Rolle spielen. Zum Beispiel beträgt der Zeitunterschied mit Russland zwei, mit Indien hingegen vier Stunden, sodass in bestimmten Fällen Russland vorteilhafter für Projekte mit enger Kollaboration mit deutschen Entwicklern ist. Indien hingegen ist dann für autarke Aufgabenbearbeitung eher geeignet.«

Aber, das betont Birgit Bohle, die Telekom würde sich nie und in Zukunft erst recht nicht nur auf einen einzigen Talentepool in einem bestimmten Land verlassen. »Das haben viele Unternehmen schmerzhaft in der Corona-Krise gelernt, wie anfällig Lieferketten mit Auslandszulieferern sein können. Bei aller digitalen Kollaboration müssen wir das für die Abhängigkeit von Standorten mit Softwareentwicklern im Auge behalten.«

Was indessen den Einsatz von IT-Freelancern in Deutschland anbetrifft, ist Birgit Bohle eher zurückhaltend. Natürlich setzt die Telekom bei Projekten auch externe Dienstleister und Freelancer ein. Dies versetzt das Unternehmen in die Lage, je nach unterschiedlichen Bedarfen Arbeitskräfte flexibel für bestimmte Projekte und für begrenzte Zeit einzusetzen. Auch wenn eine ganz spezielle Expertise nur punktuell benötigt wird, spricht dies mitunter dafür, auf Freelancer zurückzugreifen.

Zu vermeiden gilt es jedoch aus Sicht der Telekom, sich in strategisch wichtigen Projektinhalten von Freelancern abhängig zu machen. Schließlich wollten Freelancer sich oft ja bewusst nicht von einem Unternehmen als Festangestellte »vereinnahmen« lassen. Da kommt Birgit Bohle wieder auf ihre zu Beginn erläuterten Prinzipien der Sustainable Workforce zurück: »Wie schaffe ich denn ein Mindestmaß an Bindung an unser Unternehmen, an unseren Purpose? Wie verhindere ich, dass mir der Freelancer nicht mitten im Projekt Knall auf Fall von der Stange geht, da er oder sie sich ja auch als ›free‹ im Sinne von ›jederzeit free to go‹ versteht?«

Bohle könnte sich dabei durchaus Bindungsmechanismen auch für Freelancer vorstellen, von der Zusicherung bestimmter Beschäftigungsdauern bis hin zu Einladungen zum gemeinsamen Team-Bierchen. »Die Klaviatur menschlicher emotionaler Bedürfnisse zwischen Sicherheit und Zugehörigkeit ist ja breit und vielschichtig. Aber leider sind der engeren Bindung von Freelancern an das Unternehmen sehr enge Grenzen gesetzt, da die Gesetze zur Scheinselbstständigkeit am traditionellen Normalarbeitsverhältnis orientiert sind. Damit treffen sie weder die Lebensrealität in den fluiden, dynamischen Umfeldern der IT-Freelancer noch die Anforderungen der Unternehmen in neuen agilen Arbeitsformen.«

5. Expertenkarrieren

Weit oben auf der strategischen Skill-Agenda stehen für die Telekom auch sogenannte Data Scientists. Eine hochspezialisierte Truppe, von der es derzeit nur etwa 30 im Unternehmen gibt. Data Scientists analysieren auf Basis großer Datenmengen zum Beispiel das Kundenverhalten: Welche Produktnutzung zeigen Kunden, welche Beschwerden oder Fehlermeldungen tragen Kunden wie oft vor? Aus solchen riesigen Datenmengen können diese Spezialisten – das nennt man Data Mining – Muster erkennen und so zum Beispiel prognostizieren, ob ein Kunde abwanderungswillig ist. Dazu lassen sich Schlüsse ziehen, wie und vielleicht mit welchen besonderen Angeboten diese Kunden motiviert werden könnten, weiterhin Telekom-Kunden zu bleiben.

Die Telekom hat sich zum Ziel gesetzt, die Anzahl solcher heute rar gesäten Experten deutlich zu erhöhen. Damit dies gelingt, heißt es für die Telekom als traditionell hierarchisch strukturierter Konzern auch, neue Karriereoptionen für solche hochspezialisierten Mitarbeitergruppen mit gelegentlichem »Nerd«-Charakter zu definieren. Früher bemaß sich die »Rangstufe« in der Hierarchie an der Größe der »Truppen«, über die ein Vorgesetzter verfügte, bis hin zur Größe und Ausstattung des Büros sowie eigenem Firmenparkplatz. Die essenziell wichtigen Data Scientists lassen sich aber nicht in solche Modelle pressen. Sie haben oft keine ausgeprägten Ambitionen auf klassische Führungsaufgaben, sondern beschäftigen sich am liebsten mit Einsen und Nullen. Primär sind sie durch Inhalt und Komplexität der Projekte motiviert, an denen sie arbeiten.

Also heißt es, neue Experten-Karrierewege zu beschreiben, um auch diesen gesuchten Spezialisten alternative Entwicklungspfade jenseits der gewohnten Führungskarrieren anbieten zu können. Etwa Junior-Data Analyst, Data Analyst oder Senior Data Analyst, je nach Breite und Tiefe der Expertise.

Beim Anwerben solcher Spezialisten spielen laut Bohle andere Motivationsfaktoren als bei »klassischen Profilen« eine Rolle: »Für diese Menschen zählen vor allem befriedigende Antworten auf die Fragen: Habe ich hier eine spannende Aufgabe, kann ich hier selbstbestimmt arbeiten? Wie flexibel kann ich meine Arbeit gestalten, und wie sieht es mit der IT-technischen Ausstattung für meine Arbeit aus? Und zunehmend ist die Möglichkeit, remote arbeiten zu können, ein wichtiger Faktor für die Auswahl des Arbeitgebers für solche Experten. Sie wollen frei und flexibel entscheiden dürfen, von welchem Ort aus sie arbeiten.«

Auch wenn es für viele Experten eher ein Hygienefaktor ist, heißt das nicht, dass sie Geld gar nicht interessiert. Und insbesondere Topspezialisten sind auf dem Arbeitsmarkt mittlerweile auch sehr teuer. Da kommen dann Großkonzerne und ihre internen Mechanismen immer noch schnell an ihre Grenzen, weil sie zum Beispiel Gehaltsstufen an Hierarchiestufen und traditionellen Kennziffern wie Budget- und Personalverantwortung festmachen. Auch hier ist ein Paradigmenwechsel erforderlich, nämlich, solche Experten eben genau entsprechend ihrer Expertise und nicht der Größe ihrer Abteilung bezahlen zu können.

Arbeit der Zukunft – das New Normal

Die Corona-Krise wirkt als Beschleunigungsfaktor in vielerlei Hinsicht – von der Digitalisierung bis hin zu fundamentalen Veränderungen der Arbeit der Zukunft. Dabei muss man wissen: Bereits in 2016 hat die Telekom als erstes DAX-Unternehmen für weite Teile des Konzerns einen Tarifvertrag zum Thema »Mobiles Arbeiten« geschlossen.

Aber auch hier veränderte sich das Arbeiten im Frühjahr 2020 radikal, wie am Beispiel der Callcenter-Mitarbeiter der Telekom im Homeoffice schon ausgeführt wurde.

Beim Thema Zentralität oder Dezentralität der Arbeit ist sich Birgit Bohle sicher, dass auch die Telekom künftig einen deutlich höheren Anteil an Mobile Working beibehalten wird. Für Arbeiten, die sich nicht nur am firmeneigenen, sondern genauso gut an einem anderen Schreibtisch dieser Welt erledigen lassen können, biete sich mobiles Arbeiten geradezu an.

Aber Birgit Bohle glaubt auch daran, dass es wichtig ist, dass die Mitarbeiter immer wieder auch in ihren Büros zusammenkommen. Aus vielen Gesprächen berichtet sie, dass vor allem der gewollte und oft eben auch zufällige Austausch mit den Kolleginnen und Kollegen fehle. Und die virtuellen Begegnungen in digitalen Meetings weniger anregend seien als live von Angesicht zu Angesicht. Nicht zuletzt deswegen, weil unmittelbare und sensorisch wahrnehmbare Stimmungen, Gesten, Umgangsformen und Ähnliches in den virtuellen Begegnungen verloren gehen.

Laut Birgit Bohle gehört der gesplitteten Arbeitswelt zwischen Homeoffice und Firmenbüro die Zukunft. Im Vorstand wurden entsprechende Leitplanken für das »Neue Normal« verabschiedet. So glaubt die Telekom daran, dass der Anteil mobilen Arbeitens steigen wird. Gleichzeitig bleiben die Büros wichtige Orte der Begegnung, Identität und der Kultur des Unternehmens.

»Ich sehe viele Vorteile von Remote Working – für unsere Beschäftigten und für das Unternehmen. Und ich habe in den vergangenen Monaten tolle Beispiele erlebt, wie Teams sich auch virtuell nah geblieben sind. Durch die virtuelle Kaffeepause, die Mathe-Knobelaufgabe zur Mittagspause oder das gemeinsame Kochen über Zoom. Dennoch gehen bei Remote Working auch wichtige Dinge verloren wie das ungeplante Treffen in der Kaffee-Ecke, der unmittelbare, persönliche Austausch, die emotionale Nähe, die vieles erleichtert. Auch das Lösen komplexer Probleme und das Agieren auf Zuruf gelingen in einem Raum, in dem alle beieinandersitzen, viel besser als über Videokonferenzen. Es geht also um den richtigen Mix – wir wollen das Beste aus beiden Welten gestalten.«

Sie macht das an einem Beispiel deutlich. Die Telekom hatte hausintern eine Ausbildung zum systemischen Coach angeboten: Teambegleitung, Reflexion, Selbstreflexion und Ähnliches. Themen also, bei denen es sozusagen ans Eingemachte geht, die die eigene Persönlichkeit betreffen. Diesen Teams, Gruppen von je 20 Mitarbeitern, kam dann unversehens die Corona-Pandemie in die Quere. Sie führten indes ihren Workshop erfolgreich virtuell zu Ende – weil sie sich zuvor in drei Wochenendseminaren intensiv persönlich austauschen konnten. Aus Sicht der Teilnehmer, so Bohle, wäre der Erfolg dieses Seminars zweifelhaft gewesen, hätte das Kennenlernen von Anfang an nur virtuell erfolgen können.

Mit der Veränderung der Arbeit stellen sich auch an die Büros der Zukunft neue Anforderungen. Sie dürften vor allem als Orte für unterschiedliche Meetingbedürfnisse gebraucht werden mit anderen, neuen Raumkonzepten als die gewohnte Büro-an-Büro- und Schreibtisch-an-Schreibtisch-Ansammlung nach herkömmlichem Design. Nebenbei: Auch Birgit Bohle als Vorstandsmitglied verfügt wie zwei weitere Vorstandskollegen auf eigenen Wunsch nicht mehr über ein eigenes abgeschlossenes Büro. Vielmehr sitzt sie an einem Platz im Großraum, in dem sie als einziges »Privileg« immerhin noch einen festen Schreibtisch besitzt im Gegensatz zu ihren Mitarbeitern, die sich jeden Tag einen neuen Platz per hausinternem Buchungssystem reservieren. Solche Formen von offener Arbeitsorganisation dürften künftig in immer mehr Unternehmen immer größere Bedeutung erlangen. Birgit Bohle ist sich sicher: »Die Büros werden immer stärker zu Orten der Begegnung. Und prägen damit auch die Kultur.«

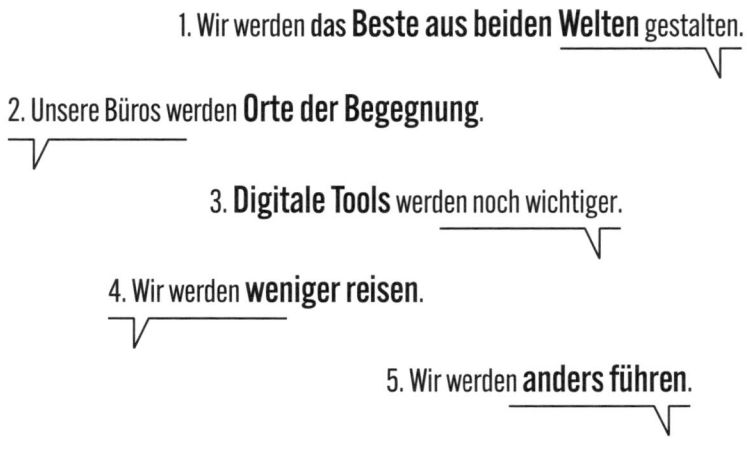

1. Wir werden **das Beste aus beiden Welten** gestalten.

2. Unsere Büros werden **Orte der Begegnung**.

3. **Digitale Tools** werden noch wichtiger.

4. Wir werden **weniger reisen**.

5. Wir werden **anders führen**.

Ob Insourcing, Outsourcing, Freelancertum oder auch Mischformen: Unternehmen haben zunehmend größeren Bedarf an flexibleren Formen der Workforce-Organisation. Aber die Bereitschaft, sich gegebenenfalls für den Purpose, die Sinnhaftigkeit des Unternehmenszwecks, wirklich einzusetzen, die kann nur das jeweilige Individuum aus eigenem Antrieb und aus eigener Überzeugung erbringen.

Agilität als neuer Treiber der Unternehmenskultur – auch bei HR

Viele Unternehmen entdecken agile Arbeitsweisen für sich. Im Zentrum steht dabei eine konsequente Kundenorientierung. Durch kürzere Iterationen und Entwicklungszyklen werden zudem die Geschwindigkeit und die Anpassungsfähigkeit von Organisationen gesteigert.

Auch die Telekom arbeitet in vielen Bereichen, seit 2019 auch im Personalbereich, zunehmend in agilen Strukturen. Dabei darf »agil« keinesfalls mit unstrukturiert verwechselt werden, im Gegenteil. Gute Erfahrung macht die Telekom damit, die Strategie in klare Ziele und messbare Zwischenergebnisse herunterzubrechen. Dieses Führen mit sogenannten »Objectives and Key Results« beschreibt Birgit Bohle wie folgt: »Wir schneiden den Elefanten sozusagen in bekömmliche Stücke, in denen wir sehr konkret festlegen, welche möglichst messbaren Ergebnisse wir in den nächsten drei Monaten erreichen wollen.«

Birgit Bohle macht dieses Vorgehen am Beispiel der Mitarbeiter-App des Personalbereichs deutlich: »Unser Ziel ist, unsere Belegschaft mit der Mitarbeiter-App von administrativen Aufgaben zu entlasten, damit sie sich auf ihre wirklichen Aufgaben konzentrieren können. Konkret setzen wir uns dann Etappenziele für die nächsten drei Monate, wie zum Beispiel: Wir launchen ein Feature, mit dem wir die gesamte Rechnungs- und Belege-Management-Orgie digitalisieren. Und wir setzen uns das Ziel, die Zahl der aktiven Benutzer der App in den drei Monaten von 30 000 auf 50 000 zu steigern. Daran arbeitet ein Team, ein sogenannter Squad, und ist von Anfang bis Ende verantwortlich, sprich: vom Kundenproblem über die Verprobung von Lösungsideen mit den Kunden, die Programmierung, den Test bis hin zur Vermarktung der App und des neuen Features bei der Belegschaft.«

Bei diesem Vorgehen arbeiten unterschiedliche Disziplinen im Unternehmen aufgabenbezogen und zielgerichtet zusammen. Um bei Birgit Bohles Beispiel mit der Mitarbeiter-App zu bleiben: Dafür müssen Fachexperten und Arbeitsrechtler, die in der Regel wenig Ahnung von App-Entwicklung haben, eng mit diesen »fachfremden« IT-Experten für App-Benutzerführung zusammenarbeiten. Und Teil des Teams sind auch UX-Experten und Produktmarketing-Fachleute, die früher vor allem im Marketing zu finden waren.

Kurz: Menschen finden sich aufgabenbezogen immer wieder neu zusammen, jenseits ihrer ressort- und bereichszentrierten Zuständigkeiten von ehedem, außerhalb ihrer angestammten »Bereichsheimaten« im Konzern und ihrem früher viel enger begrenzten Betätigungs- und Aufgabenspektrum.

Ein wesentliches Merkmal der agilen Struktur ist auch, dass die disziplinarische und fachliche Führung der Mitarbeiter getrennt werden. Die Mitarbeiter finden ihre organisatorische

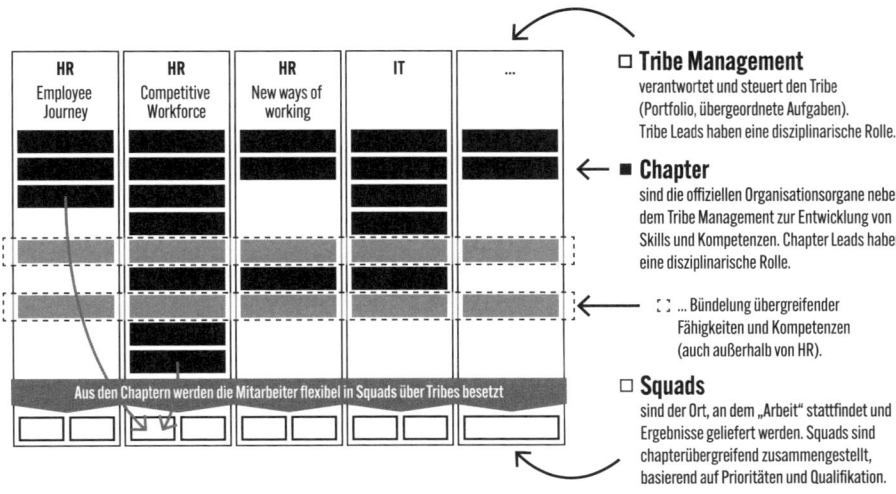

Agile Organisationsstruktur am Beispiel HR

Heimat dabei in sogenannten Chaptern, in denen Menschen mit gleichen Kompetenzen gebündelt werden, und werden von den Chapterleads disziplinarisch geführt. Die fachliche Verantwortung liegt bei den jeweiligen Squadleads beziehungsweise den übergeordneten Tribes. Denen sind jedoch direkt keine Mitarbeiter zugeordnet.

Mit Blick auf die Personalfunktion sagt Birgit Bohle: »In agilen Organisationen bekommen die Aspekte von Führung und Entwicklung der Menschen eine viel höhere Bedeutung. Mit den Chapterleads verankern wir Rollen in der Organisation die – quasi hauptamtlich – genau dafür verantwortlich sind.« Um die agile Arbeitsweise zu verankern, werden agil arbeitende Teams in ihrer Arbeit bei der Telekom durch sogenannte Scrum Master oder Agile Coaches unterstützt. Diese helfen dem Team bei Methoden, räumen aber auch Hindernisse aus dem Weg, die das Etappenziel gefährden. Birgit Bohle: »Solche wichtigen Begleiter für die neuen agilen Strukturen bilden wir auch regelmäßig selbst aus.«

Rollen der agilen Organisationsstruktur

Birgit Bohle betont aber auch, dass solche Arbeitsweisen vor allem einer Veränderung der Haltung und des Mindsets bedürfen. »Wie gehen wir damit um, dass viele Führungskräfte immer noch dem alten Muster anhängen, ihre Bedeutung sei von der Anzahl der von ihnen zu Führenden abhängig? Wie begleiten wir solche nötigen Veränderungsprozesse auch kulturell? Früher war die Rolle des Organisationsbereichs im Personal auf das Malen von Kästchen und Organigrammen beschränkt. Heute sind wir zunehmend gefragt, Organisationsentwicklungs- und Veränderungsprozesse der Geschäftsbereiche zu unterstützen. Die gestalterische Aufgabe des Personalbereichs wird also immer wichtiger.«

Diese Veränderungsprozesse insbesondere bei Führungskräften kulturell zu begleiten heißt, sozusagen auch eine neue »Währung« einzuführen. Statt Bürogröße und -ausstattung, Firmenparkplatz und Anzahl der Mitarbeiter zählt für Birgit

Bohle heute etwas anderes: die Anzahl der »Follower«. Dies meint sie natürlich nicht im Sinne blinder Adepten bestimmter Posts in den sozialen Medien, sondern im Sinne von ausgewiesener, erfolgreicher Leadership. Mitarbeiter, die Führungskräften in agilen Organisationen folgen, tun das nicht mehr qua Status und Position der Leitenden, sondern weil sie deren Kompetenz, deren Empathie und Teamgeist schätzen. Kurzum: Sie folgen denjenigen, mit denen sie gerne arbeiten und wo sie an den gemeinsamen Erfolg glauben. Mitarbeiter für bestimmte Aufgaben um sich scharen, sie zu Followern machen zu können, mit ihnen zusammen eine Aufgabe, ein Projekt zum guten Erfolg führen zu können – das ist für Birgit Bohle die neue, aber vielleicht noch befriedigendere Variante der Führungskräfte-Gratifikation als die alten Insignien der dahinschwindenden hierarchischen Macht.

Ein sinnfälliges Beispiel nennt Birgit Bohle aus ihrem unmittelbaren HR-Umfeld. Sie hatte eine Kollegin gebeten, ihr beim Thema Diversity zu neuen Ansätzen und Inspirationen zu verhelfen. Diese Mitarbeiterin hatte keine »eigenen« personellen Ressourcen, die an sie berichtet haben. Sie musste daher zunächst einmal in der übergreifenden Priorisierungsrunde mit der Bedeutung des Themas überzeugen. Und dann ein Team für sich gewinnen. Acht Wochen später wollte sie erste Ergebnisse vorlegen. Das hat sie dann auch eingehalten, und auf der ersten Seite ihrer achtseitigen Vorlage für Birgit Bohle stand ganz oben und mit den einzelnen Namen versehen: »Das ist mein Team«. Für die Personalvorständin geht klar daraus hervor: »Das ist eine Leaderin, die ihr Team in den Vordergrund stellt. Ein Team, das ihr gefolgt ist, weil sie es überzeugt hat.

Ich habe das Team dann bei einem späteren Meeting einmal kennengelernt. Sie waren so begeistert von der Sache und wirkten, als würden sie schon ewig zusammenarbeiten. Das ist, glaube ich, eine Bestätigung, die sich zutiefst mit dem menschlichen Bedürfnis nach sozialer Anerkennung und erfolgreicher Kooperation verbindet. Das zeichnet für mich Leader aus: Follower!«

Fazit: Ein Gewinn für alle

Was wäre wohl aus dem DAX-Konzern Telekom geworden, wären alle notwendigen und hier geschilderten Schritte, den Workforce-Transformationsprozess zu gestalten, nicht unternommen worden? Wie stünde das Unternehmen in Zukunft da? Würde die Notwendigkeit einer Workforce Transformation einfach ignoriert werden? Für Birgit Bohle ist die Antwort schlicht und einfach: »Wir wären nicht erfolgreich: heute nicht und vor allem nicht in der Zukunft. Würden wir zum Beispiel die Skill Transformation vernachlässigen, verlören wir über kurz oder lang unsere technologische Spitzenposition und unsere Produktvorteile. Bei unserer Personalarbeit haben wir die Menschen in unserem Unternehmen im Fokus und dienen damit dem in harten Zahlen messbaren unternehmerischen Erfolg unseres Unternehmens.«

Das ist und bleibt eine der wesentlichen Aufgaben zeitgemäßer Personalarbeit in disruptiven Zeiten – nicht nur bei der Deutschen Telekom AG: Transformation zu begleiten. Wie verändern sich Arbeitsinhalte? Wie verändert sich der Bedarf an Kompetenzen und Qualifikationen? Wie gehen wir mit den

Menschen um, die über kurz oder lang keine Arbeit im Unternehmen mehr haben werden? Können wir sie weiterbilden? Wie sieht es mit der erwartbaren natürlichen Fluktuation aus?

Dabei entsteht natürlich auch ein Spannungsfeld zwischen Humanzentrierung und Kosteneffizienz, hatte Birgit Bohle gesagt. Das heißt, wer stets die Kostenstrukturen im Blick behalten und managen will, muss gleichzeitig und proaktiv auf die derzeitige Personalstruktur und deren notwendige Veränderung sowie ebenso genau auf den künftigen Personalbedarf schauen. Ohne Workforce-Planung kann keine Planung der Unternehmensstrategie für die Zukunft erfolgreich umgesetzt werden.

Workforce Transformation geschieht zum Vorteil nicht nur des Unternehmens, sondern auch ganz im Sinne der für dieses Unternehmen arbeitenden Menschen. Und damit schließt sich der Kreis zu den eingangs bereits erklärten Begriffen »Sustainable competitive Workforce« und »Humanzentrierung«. Die Telekom-Beschäftigten sollen als Menschen gesehen werden, die wissen wollen und wissen müssen, was genau ihr persönlicher Beitrag dafür ist, das Unternehmen im Rahmen ihrer ganz besonderen Fähigkeiten und Möglichkeiten erfolgreich zu machen. Und vor allem, wie sie selbst durch Dazulernen noch erfolgreicher werden können. Ganz im Sinne einer ganzheitlichen Win-win-Konstellation sowohl für den einzelnen Menschen im Unternehmen als auch für den Erfolg des Unternehmens als Ganzes: »*Supporting People. Driving Performance.*«

Zu wenig Innovationsfreude in Deutschland

Simone Menne war von 2012 bis 2016 Finanzvorstand der Lufthansa und damit der erste weibliche Finanzvorstand eines DAX-Konzerns überhaupt. Nach einer Ausbildung zur Steuerfachgehilfin und dem BWL-Studium hatte sie 1989 als Revisorin bei der Fluggesellschaft angefangen, bei der sie bis 2016 blieb. Nach einem Intermezzo als CFO in der Unternehmensleitung von Boehringer Ingelheim sitzt Menne heute in diversen Aufsichtsräten (BMW, Deutsche Post DHL oder Johnson Controls International) und ist zudem als Beraterin tätig. Vor einigen Jahren eröffnete Simone Menne in Kiel ihre eigene Galerie, in der sie vor allem norddeutsche Künstler zeigt.

Simone Menne

Interview mit Simone Menne, Aufsichtsrätin von BMW und Deutsche Post DHL

Frau Menne, wie tief ist Ihrer Wahrnehmung nach die Disruption durch neue Technologien schon in die Unternehmenswelt eingedrungen?
Natürlich können wir den Technologiefortschritt schon deutlich sehen. Wie konsumieren wir? Häufig online. Wie lesen wir Zeitungen? Häufig am Tablet. Wie konsumieren wir Filme und Musik? Häufig über Streamingdienste. Natürlich steckt dahinter eine disruptive Entwicklung. Wir haben aber gleichzeitig alte Industrien, in denen wir diese in diesem Maße noch nicht so ausgeprägt sehen. Aber vielleicht wird das auch keine generell die alten Geschäftsmodelle überschwemmende Welle werden, sondern wir müssen feststellen, dass zum Beispiel sukzessive immer weniger Autos gekauft werden.
Insofern ist es ja auch nicht neu, dass ehemals große, starke Riesen sterben werden. Denken Sie an Thyssen. Oder an die alte Preussag AG, wie aus dem alten Stahlkonzern dann TUI wurde. Wir unterbelichten vielleicht ein bisschen, dass es diese schöpferische Zerstörung im Sinne Joseph Schumpeters schon immer gegeben hat, und tun so, als ob im Zeitalter der Digitalisierung und der gefühlt größeren Schnelllebigkeit jetzt alles ganz extrem anders werden würde. Das gibt es in einigen Wirtschaftsbereichen, aber noch längst nicht in allen. Die einen werden größer, die anderen sterben, die Dritten schrumpfen einfach auf ein neues Maß. Das ist der Lauf der Wirtschaftswelt, wie wir sie seit Beginn der Industrialisierung vor 200 Jahren kreiert haben.

Und wie verändert die Digitalisierung und die Entwicklung der künstlichen Intelligenz und der Robotik nach Ihren Erfahrungen in den Bereichen Automobilindustrie – BMW – und Logistik – Deutsche Post DHL – die Geschäftsstrategien der Unternehmen? Und was bedeutet das für die Mitarbeiterinnen und Mitarbeiter in Unternehmen?

Es gibt diesen Wandel schon seit geraumer Zeit. Was wir bisher als Disruption durch neue Technologien bezeichnet haben, erhielt in Zeiten der Corona-Pandemie noch eine zusätzliche Dimension. Diese Pandemie lenkte den Blick darauf, dass wir tatsächlich auch eine Disruption brauchen. Nicht nur durch Technologie können Fertigungsabläufe menschenloser gestaltet werden – bis hin zur Möglichkeit, ein Auto in einer Halle zusammenzubauen, in der es weder Menschen noch Licht braucht. Für mich ist das aber alles nicht so dramatisch. Mein Vater zum Beispiel war Industriemeister in einem Werk, in dem Plattenspieler gebaut wurden, maßgeblich von Frauen am monoton getakteten Band. Heute geschieht das ganz anders, nämlich automatisierter und damit menschenfreundlicher. Das heißt, wir haben schon immer Wandel erlebt, häufig im positiven Sinne der Arbeitserleichterung. Arbeitsplätze und Aufgaben werden vielfältiger und anspruchsvoller. Das ist das optimistische Szenario.

Auf der anderen Seite entsteht aber die Frage, was mit Menschen passieren wird, die den neuen Anforderungen nicht folgen können. Entweder fällt der langjährige angestammte Arbeitsplatz weg, oder Menschen sind für eine neue Tätigkeit nicht zu haben, weil sie ihnen nicht liegt oder weil sie intellektuell-kreativ anspruchsvollere Aufgaben nicht mögen. Doch für diese Menschen müssen wir auch neue Arbeit finden. Ich persönlich bin davon überzeugt, dass man viel mehr soziale Arbeit im Betrieb leisten könnte, was aber derzeit kaum stattfindet. Nicht nur in den Pflegeberufen brauchen wir mehr Menschen, die sich um Menschen kümmern, sondern auch in den Unternehmen. Leute, die Mitarbeiter in den Betrieben dabei unterstützen, herauszufinden, was sie tun möchten und tun können, welches Potenzial sie besitzen, um sich neue Betätigungsfelder zu erschließen. Was ich mir vorstelle, ist eine Art unternehmensinternes Outplacement: Menschen trainieren, ihnen die Angst nehmen und sie für neue Aufgaben befähigen. Aber nicht nur in Zeiten des Umbruchs, auch in Zukunft sollte es mehr Mitarbeiterbetreuung im laufenden Betrieb geben.

Stichwort Corona: Müsste es nach Überwindung der tiefen ökonomischen Krise und im Sinne dessen, was Sie als neue betriebliche Sozialarbeit fordern, nicht auch einen Kulturwandel in den Unternehmen geben?
Absolut, auch wenn ich befürchte, dass das besonders in Deutschland nicht so leichtfallen dürfte. Wir waren in Deutschland sehr erfolgreich durch Ingenieurskunst und Prozessoptimierung und immer größere Effizienz. Die Devise des Mehr und »Mehr und mehr« war insofern auch erfolgreich, weil wir große Absatzmärkte in der Welt damit bedienen konnten. Ich könnte mir vorstellen, dass durch die wochenlange globale Entschleunigung hier eine neue Nachdenklichkeit eingesetzt hat hin zu mehr Nachhaltigkeit der Geschäftsmodelle und Geschäftsprozesse. Und ja, ich gebe zu, dass es besonderer Überzeugungskraft des Managements bedarf, um auch die Shareholder für die neue Nachhaltigkeit zu gewinnen. Dagegen fand ich es eher peinlich, dass der Automobilverband in

der Corona-Krise als Erstes nach einer Anreizprämie für die Neuanschaffung von Autos rief. Das sind die alten Reflexe des »Mehr und mehr«. Aber die Welt geht nicht unter, wenn wir sechs oder acht Wochen so gut wie keine Autos verkaufen. Kurz: Es braucht neue Shareholder und neue Firmenchefs, die sagen können: Weitere Optimierungen und größere Effizienz können wir schaffen mithilfe neuer Technologien, aber wir müssen sie nicht sofort wieder in neues Mengenwachstum übersetzen, sondern in neue Qualität der Produkte und auch in eine neue Qualität der Arbeit.

Inwiefern können Sie denn solche innovativen Ideen auch als Aufsichtsrätin bei BMW und Deutsche Post DHL einspeisen?
Natürlich kann ich mich als Aufsichtsrätin nicht ins operative Geschäft einmischen. Aber ich denke, es ist für ein Aufsichtsratsgremium sehr wichtig, sich vor allem ein Bild von der Kultur des Unternehmens zu machen und sich zu fragen, welche Ziele wir dem Vorstand im Sinne von Innovationskraft und Nachhaltigkeit setzen wollen. Da kann ein Aufsichtsrat natürlich fragen, warum es denn jetzt noch mehr Autos sein müssen. Oder warum müssen wir bei Pakete-Express noch mehr Sendungen mit Fahrzeugen verteilen? Hätten wir mithilfe künstlicher Intelligenz nicht noch smartere Ideen, wie wir den Transport von der Straße bekommen? Das sind Fragen, die man als Aufsichtsrat in Sachen Strategiearbeit und Personalarbeit jederzeit stellen kann.
Auf der anderen Seite wollen wir nicht – Stichwort Amazon –, dass die Mitarbeiter der Post via Wearables jederzeit kontrolliert werden können nach dem Motto: Wer sich fünf Minuten

lang im Auslieferungszentrum nicht bewegt hat, bekommt eine Abmahnung. Das wäre die negative Seite der Digitalisierung, mit der wir aber auch jederzeit rechnen müssen.

Wie konkret ist das alles in den von Ihnen beaufsichtigten Unternehmen schon, was Sie als mögliche Szenarien schildern? Haben Sie den Eindruck, dass disruptive Technologien bereits einen spürbaren Einfluss auf die Personalstrukturen gewinnen?
Ich sehe, dass neue Technologien in der Optimierung bestehender Prozesse bei der Steuerung von Abläufen, Fehlererkennung und Ähnlichem schon massiv eingesetzt werden. Ich denke, es wird noch viel mehr in dieser Hinsicht passieren, zum Beispiel im Finanz- und Rechnungswesen, was auch die Frage aufwirft, ob wir in Zukunft noch einen Finanzvorstand der altherkömmlichen Art brauchen.
Eben diese alten CFO-Aufgaben wie Rechnungswesen, Buchungshaltung im klassischen Sinne, dafür braucht es künftig keinen Finanzvorstand mehr, dafür bräuchte man ihn heute schon nicht mehr. Aber die meisten Unternehmen haben das noch nicht realisiert, weil sie eine sehr heterogene IT-Welt haben und damit Automatisierung in diesem Bereich noch nicht realisieren können. Ein Konzern wie zum Beispiel die Lufthansa oder die Post hat viele verschiedene ERP-Systeme, die nicht miteinander »reden« können. Man hat lange gezögert, diese Systeme zu verknüpfen und zu vereinheitlichen. Mich hat einmal ein Vorstandskollege gefragt, warum wir so viel Geld in ein Buchhaltungsprojekt stecken sollten. Ihm zu erklären, dass es sich nicht um Buchhaltung, sondern um ein Projekt handele, das vom Anfang der Lieferkette bis zur Bezahlung alles voll-

automatisch erledigt und gleichzeitig noch Steuerungsimpulse geben kann, war mühsam. Sicher ist so ein Projekt teuer und risikobehaftet, wie man auch weiß, und deswegen scheuen sich viele Unternehmen, solche Investitionen in neue, anspruchsvolle IT-Infrastrukturen zu tätigen.

Andererseits würde ich den CFO im Vorstand nicht unbedingt ganz abschaffen wollen, zumal deswegen nicht, weil er strategisch neutral denken kann und mit seiner besonderen Expertise die Vorstandskollegen in ihren Überlegungen unterstützen kann, inwieweit ihre Vorstellungen ins Gesamtmodell der Zukunftsstrategie passen. Der CFO verdeutlicht: Welche Variante kostet uns wie viel? Dieses Denken in Szenarien und Strategien ist wichtig für CEOs, die Wachstum anstreben, für Personalvorstände, die einwenden, sie müssten aber auch mit den Gewerkschaften klarkommen, für Produktionsverantwortliche, die ihre CO_2-Ziele hochhalten. Dann kommt der CFO und sagt: Lasst uns das mal alles zusammenpacken, was ihr euch vorstellt. Was können wir finanziell stemmen, wie können wir die Prozesse weiterentwickeln? Das den anderen Vorständen vor Augen zu führen sollte die neue Aufgabe des CFO sein.

Alles in allem sehe ich da bisher in Deutschland nach wie vor zu wenig Innovationsfreude und stelle zudem fest, dass in zahlreichen Unternehmen regelrecht Widerstand gegen innovative Ideen geleistet wird. So bedingt das eine Dilemma das andere. Ich konstruiere gerne immer mal wieder folgendes Gleichnis: Nehmen wir an, zu mir als Lufthansa-CEO käme ein junger Pilot und sagte, er habe zu Hause etwas experimentiert und sei erfolgreich gewesen, seine Katze von einem Ort zum anderen zu beamen. Er könne sich vorstellen, dass das eine Transportart

von morgen auch für Menschen werden könne. Dann würde natürlich jeder Lufthansa-Vorstand sagen: Sehr witzig, aber wir stecken unser Geld doch lieber in bessere Flugzeuge, die weniger Treibstoff brauchen, weil da wissen wir, woran wir sind. Bloß nicht das Risiko eingehen, solche Beam-Ideen weiterzuverfolgen, bei denen die Menschen am Ende nur stückweise am Zielort ankommen. Dieses Phänomen ist das »Innovators Dilemma«.
Heruntergebrochen auf die neuen, disruptiven Technologien heißt das, dass viele große Unternehmen große Probleme haben, sie auch einzusetzen, weil ebendiese disruptiven Technologien ihr eigenes traditionelles Geschäftsmodell infrage stellen.

Wieso ist es Ihren Erfahrungen nach so schwer für Konzerne, diese neuen Technologien als disruptive Treiber für ihre künftigen Geschäftsstrategien zu erkennen, anzunehmen und, sagen wir, auch wertzuschätzen? Warum hat zum Beispiel Oliver Zipse von BMW nicht schon frühzeitig gesagt: Wir treiben jetzt auch einmal alternative Mobilitätskonzepte wie Uber voran?
Also da muss ich Herrn Zipse beispringen. Warum soll BMW freischaffende Fahrer durch die Welt schicken, wenn viele Uber-Fahrer BMWs für ihre Transportleistungen nutzen? Der neuralgische Punkt bei der Automobilindustrie ist aber immer noch, dass die Hersteller glauben, die Marke spiele nach wie vor die prominente Rolle und das Auto sei wie bisher ein Prestigeobjekt für die Käufer. Das dürfte sich aber zunehmend ändern. Sehr wahrscheinlich geht die Mobilität der Zukunft eher in die Richtung, dass Kunden sagen: Wer stellt mir ein Fahr-

zeug zum richtigen Zeitpunkt für meine Bedürfnisse vor die Haustür und holt es dann auch wieder ab? Welche Marke dieses Auto dann hat, dürfte immer weniger eine Rolle spielen.

Worauf müsste sich BMW denn nach Ihrem Dafürhalten in Zukunft konzentrieren?
Ich würde sagen, dass sich ein Autohersteller wie BMW weniger auf neue Mobilitätsdienstleistungen kaprizieren sollte, sondern sich mehr in Richtung Software bewegen müsste, in Richtung KI und Technologie, anstatt Fahrer durch die Welt zu schicken. Etwa nach dem Motto: Wir haben die Technologie, die Sensoren, die Kamerasysteme, die Abstandshalter, sozusagen das Gehirn des Autos. Und dieses Gehirn sollten dann auch andere Autohersteller von BMW kaufen können.

Ein interessanter Ansatz. Aber welche Auswirkungen wird das auf die Personalstrukturen nicht nur von BMW haben?
Solche Zwänge, Personalstrukturen neu zu denken, sehen wir ja bereits im Zusammenhang mit der Elektromobilität. Da werden Menschen, die rund um die Verbrennungsmotoren herum tätig sind, zunehmend nicht mehr gebraucht. Das wissen wir schon heute genau. Gut finde ich, dass bei BMW Beschäftigte in diesen künftig weniger bedeutenden Bereichen derzeit bereits ins Zentrum für Elektromobilität wechseln und zum Beispiel an der Optimierung der Batterie arbeiten, sich also neue Arbeitsfelder erschließen. Das ist es, was ich vorhin damit meinte, dass Mitarbeitern im Zuge der Workforce Transformation die Angst vor dem Neuen genommen wird, dass ihnen nahegebracht wird, dass sie einen ebenfalls wertvollen

Beitrag in neuen Arbeitsbereichen leisten können. Wir haben zudem das Glück, dass in absehbarer Zeit viele Beschäftigte der Babyboomer-Generation in Rente gehen, sodass nicht zahllose Jüngere im Zuge von möglicherweise notwendigen Freisetzungen entlassen werden müssen.

Sehen Sie denn die Zukunft der Automobilindustrie nahezu ausschließlich in der Elektromobilität?
Nein, das sehe ich nicht so, ich setze mehr auf die Entwicklung alternativer synthetischer Kraftstoffe. Wir können meiner Ansicht nach nicht alle diese Elektroautos mitten in der Stadt an eine Steckdose stecken. Ich denke, dieser Elektroauto-Hype ist eher politisch getrieben. Es ist nun mal einfach, die Lösung aller Mobilitätsprobleme einfach und plakativ darzustellen, indem man sagt: In Zukunft fahren wir alle nur noch Elektroautos.
Natürlich muss man auch in die Entwicklung synthetischer Kraftstoffe kräftig investieren, um einen höheren Wirkungsgrad zu erzielen und sie preiswerter herstellen zu können. Ich bin der festen Überzeugung, das machte massiv Sinn. Wenn wir hier in Norddeutschland, wo ich lebe, mit Windkraft alternative Treibstoffe, Wasserstoff, produzierten, dann könnten wir Energie transportieren, ohne dass wir lange Trassen wie für Strom bauen müssen. Wir bräuchten nicht ganze Städte umzubauen, damit wir Stromnetze für Elektroautos installieren können. Davon abgesehen: Solange der Strom aus der Braun- oder Steinkohle kommt, ist das Elektroauto sowieso nicht sauber.

Ist es in vielen Unternehmen nicht ähnlich wie auch oft im politischen Geschäft, dass sie bei neuen Anforderungen an die Workforce lieber zum einfachen, bereits erprobten Modell greifen, nämlich Frühverrentung, Kündigung und Abfindung, anstatt Beschäftigte fit für neue Aufgaben zu machen?

In dieser Hinsicht sind deutsche Unternehmen ziemlich altmodisch und greifen auf diese alten Modelle zurück. Aber gleichzeitig jammern sie, dass sie in diesen Zeiten des Fachkräftemangels kein neues, für die neuen Aufgaben besser qualifiziertes Personal fänden. Ich finde das ziemlich traurig, weil ich glaube, dass man sehr, sehr viele Menschen, egal welchen Alters, auf neue Aufgaben umschulen kann, und das durchaus auf spannende, spielerische Weise – Stichwort Gamification. Wer über Fachkräftemangel klagt, übersieht, dass er diese Fachkräfte bereits im Haus hat, und das obendrein in Erscheinung von oftmals superloyalen Mitarbeitern, die treu und fest zu »ihrem« Unternehmen, zu »ihrer« Marke stehen. Wenn man diesen Menschen sagt, dass ihr bisheriger Arbeitsplatz in drei Jahren weggefallen sein wird, aber dass man stattdessen Mitarbeiter braucht, die über diese oder jene bestimmten andersartigen Fertigkeiten verfügen, für die man sie jetzt auch aus- und weiterbilden möchte, dann würden diese loyalen Beschäftigten sicher gerne mitmachen. Man gibt ihnen ja damit auch gleichzeitig zu verstehen, dass man ihren bisherigen Beitrag fürs Unternehmen wertschätzt und dass man ihnen zugleich zutraut, sich neuen Aufgaben zu stellen.

So smart ein solcher Ansatz von Transformations-Bewältigung wäre, so wenig sehe ich ihn leider in vielen Unternehmen verwirklicht. Außerdem stelle ich immer wieder mit Befremden fest, wie Nachrichten, dass der Konzern XY jetzt 10 000 Mitarbeiter freisetzen will, nach wie vor und immer wieder von den Investoren besonders goutiert werden. Das sind leider sehr alte, traditionelle Mechanismen, die aber immer noch wirksam sind.

Wie gewinnt man denn konkret als CFO die Vorstandskollegen dafür, mehr Nachdruck auf solche von Ihnen genannten smarten Strategien anstatt auf alte Freisetzungsmodelle zu legen?
Das Beste ist natürlich immer, dass Sie konkret vorrechnen, dass sich das smarte Modell mehr auszahlt als das Standard-Abfindungsmodell. Ich habe seinerzeit als CFO bei der Lufthansa auch Personalvorständen immer vorgerechnet, welche Kosten ein neuer Rekrutierungs- und Ausbildungsprozess für neue Mitarbeiter bedeutet gegenüber der Weiterqualifikation von Beschäftigten, die schon an Bord sind. Ein smarter CFO muss diese Transformationsprozesse immer neutral beobachten, das ist seine Aufgabe. Aber jedes Vorstandsmitglied muss sich hier der Frage der Wirtschaftlichkeit stellen. Das ist aber etwas, das nach wie vor in der Personalarbeit häufig noch nicht passiert. Bei Personalarbeit schwingt im Bewusstsein vieler fälschlicherweise immer noch eine Art Esoterik und die Aura von Sozialarbeit mit, weswegen ja auch Frauen wegen ihrer vermuteten höheren sozialen Kompetenz immer wieder gerne für solche HR-Vorstandsposten rekrutiert werden.

Sie hatten ja eingangs schon die neue Rolle des Finanzvorstands skizziert. Sehen Sie auch die Notwendigkeit, ein neues Verständnis – und Selbstverständnis – für die Rolle des Personalvorstands im Unternehmen zu entwickeln?

Auch da sollte und wird es meiner Ansicht nach einen Rollenwechsel geben, bei dem das Thema Unternehmenskultur eine prominente Rolle spielt. So wie ich es vorhin ausführte: Wie bekommen wir es hin, dass die Menschen unseres Unternehmens gut motiviert und gut ausgebildet weiterarbeiten in den Zeiten digitaler Disruption? Dafür bedarf es eines Gesamtkonzepts, das ich für wesentlich halte. Nehmen wir mal das schlechteste Szenario an, das zum Beispiel der Versandhändler Amazon praktiziert. Da werden Mitarbeiter mit Tracking-Armbändern überwacht, Gewerkschaften werden nicht zugelassen – und also können sich solche Unternehmen auch noch den Personalvorstand sparen.

In meiner Welt sehe ich das ganz anders. Da sehe ich motivierte Mitarbeiter, die auch virtuell arbeiten, mehr im Team als in traditionellen Hierarchien. Da müssen Beschäftigte wissen, in welchen Bereichen sie eigenverantwortlich arbeiten können und sollen und an welchen Stellen sie sich an Teamkollegen oder Führungsverantwortliche wenden sollten. Solche Prozesse zu definieren und zu unterstützen, das ist Aufgabe eines Personalverantwortlichen.

Das heißt, der Personalverantwortliche wird verantwortlich für die menschlich-kulturelle Dimension der digitalen Transformation als einer, der den menschlichen Zusammenhalt in diesen Transformationszeiten organisiert?

Auch wenn es sich vielleicht etwas gutmenschenhaft anhört, habe ich erst neulich angesichts der Corona-Krise gesagt, dass die Wirtschaft für die Menschen da ist und dass die Gesellschaft aus Menschen besteht. Und ebenso lebt ein Unternehmen von den Menschen, die im Unternehmen arbeiten. Wenn Sie sich dieser Erkenntnis verweigern, bekommen Sie sicher ein Problem, wenn nicht heute, dann aber in drei oder fünf oder zehn Jahren.

Nehmen wir Google. Dieser Konzern hat jetzt solch ein Problem. Man trat mit der Devise an »Don't be evil« und begeisterte damit auch viele Menschen zur Mitarbeit. Aber die stellen sich neuerdings quer, je mehr sie entdecken, dass dieses ihr Unternehmen, das ja zum Guten beitragen wollte, in eine andere Richtung marschiert. Da wird zensiert, kontrolliert, mittels KI werden Menschen überwacht. Das machen Google-Mitarbeiter nicht mehr mit, sie gehen auf die Straße.

Mein Bild eines guten Unternehmens ist hingegen, dass solch ein Unternehmen auch für die Mitarbeiter da ist. Nicht nur für die Shareholder. Gut motivierte Mitarbeiter können ein Unternehmen super voranbringen. Aber genauso verhält es sich auch umgekehrt.

Auch wenn wir noch so viel Digitalisierung, KI oder Robotik hochhalten und einsetzen, den menschlichen Faktor dürfen wir nie aus dem Blick verlieren.

Glauben Sie, dass die globusumspannende Corona-Pandemie mit ihren vehementen Rezessionsfolgen möglicherweise eine neue Art des Wirtschaftens zur Folge haben wird?

Hoffentlich nicht in dem Sinne dieser völlig unsinnigen Diskussion, ob wir in Deutschland wieder national produzieren müssten, also die Globalisierung zurückdrehen. Das halte ich für vollkommen hanebüchen. Würden wir alles in Deutschland produziert haben wollen, hätten wir in dieser Krise ziemlich

alt ausgesehen. Es ist sehr klug, an verschiedenen Orten der Welt zu fertigen und mit verschiedenen Lieferanten zu arbeiten. Aber, das haben wir immerhin gelernt, am schlausten nicht mit nur einem Lieferanten. Da ist KI eine tolle Möglichkeit, die etwa die Deutsche Post DHL nutzt nach dem Motto: Welche alternativen Möglichkeiten, welche alternativen Transportwege gibt es, wenn in diesem oder jenem Land die bisherige Zusammenarbeit aus welchen Gründen auch immer nicht mehr funktioniert? Das ist doch eine tolle Aufgabe für künstliche Intelligenz, die wir aus diesen Gründen eher willkommen heißen sollten, als sie zu verdammen.
Die Globalisierung zurückdrehen zu wollen wäre ein absoluter Holzweg. Eben die Corona-Pandemie lehrte und lehrt uns, wie wichtig die globale Zusammenarbeit auch bei der Bekämpfung des Virus ist. Wo kämen wir denn hin, wenn ein Land diesen ersehnten Impfstoff entwickelte und dieser Impfstoff nur den Bürgern in diesem Land zur Verfügung gestellt würde? Das wäre doch irrsinnig.
Genauso müssen wir natürlich auch den etwas aus dem Fokus gerutschten Klimawandel angehen, gemeinschaftlich und global als Menschheitsproblem. Der ist noch gefährlicher als Corona, weil er sich schleichend vollzieht. Da können wir ja auch nicht sagen, wir in Deutschland lösen dieses Klimawandel-Problem alleine, indem wir jetzt nur noch Elektroautos bauen.

Noch einmal zum Corona-Lockdown, der sich im kollektiven Gedächtnis der Menschen wahrscheinlich noch tiefer eingegraben haben dürfte als 9/11, Fukushima oder davor auch Tschernobyl. Wie haben Sie diese Zeit erlebt, was werden wir aus diesen Wo-

chen des kollektiven Lockdowns an Lehren für die Zukunft mitnehmen?

Als Erstes denke ich da an eine neue, erholsame Erfahrung der Entschleunigung, die wohl viele von uns in diesen Wochen erleben durften. Ich zum Beispiel habe es sehr genossen, über Wochen hinweg im selben, häuslichen Bett aufzuwachen statt in Hotelbetten, und auch die Sicherheitsschleusen an den Flughäfen dieser Welt habe ich nicht vermisst.

Dazu sehe ich, dass die Offenheit vieler Beschäftigter für die Möglichkeiten der Digitalisierung enorm gewachsen ist. Ein Großteil von geschäftlichen Kontakten ist in dieser Zeit zwangsläufig vor allem über virtuelle Konferenzen via Zoom, Skype, Teams oder sonstige digitale Video- und Sprach-Verständigungsmöglichkeiten vonstattengegangen. Das allein ist schon etwas wert, dass Menschen mit den digitalen Möglichkeiten vertrauter werden. Ob das so bleibt? Da bin ich mir nicht so sicher, weil Menschen dazu neigen, schnell wieder in alte Gewohnheiten zurückzufallen. Das neu entdeckte Homeoffice wird wahrscheinlich bleiben, weil viele Beschäftigte und Unternehmen gesehen haben, es funktioniert doch ganz prima. Erstens brauchen die einen nicht ständig im Büro anwesend zu sein, zweitens sehen Unternehmen, dass sie möglicherweise eine Menge Büroräume gar nicht mehr brauchen. Wir müssen noch abwarten, ob sich da nachhaltige Umdenkprozesse abzeichnen werden. Sicher darf man nicht verkennen, dass viele Homeoffice-Arbeiter in dieser Krisenzeit sich sehnen nach ihrem angestammten Büro, wo sie wieder Kollegen treffen können und nicht zwischen Computerarbeit und Kinderbetreuung in beengten Wohnverhältnissen jonglieren müssen.

Lassen Sie uns noch einen Blick in die weitere Zukunft werfen. Wie müssen Personalstrukturen künftig aussehen? Ich gebe einmal ein Beispiel. Es gibt da einen großen Hersteller von Consumer-Produkten in Deutschland, der 40 Prozent seiner Mitarbeiter außerhalb der Produktion als Freelancer beschäftigt. Ist das ein Trend? Sehen die Personalstrukturen in vielen anderen Unternehmen in fünf bis zehn Jahren möglicherweise ähnlich aus?

Fluider in dieser Hinsicht werden sich die Personalstrukturen der Zukunft sehr wahrscheinlich zeigen. Leider werden mit diesem Trend wohl auch die prekären Arbeitsverhältnisse weiter zunehmen. Zumal mit künstlicher Intelligenz, mit Algorithmen auch immer mehr Routinearbeit sozusagen ersatzlos wegfallen dürfte. Das heißt, Sie brauchen künftig sehr viel mehr gut ausgebildete Generalisten, die sich gut in eine Anforderung, in ein Problem und dessen Lösungsmöglichkeiten hineindenken können, und Sie brauchen an dieser Stelle auch wieder den Personalverantwortlichen, der fragt, wie wir die richtigen Talente an solchen Schnittstellen zusammenbringen können. Ja, die Aufgaben werden fluider, nicht mehr im früheren Maße expertengesteuert, aber auch selbstverantwortlicher. Dazu brauchen Sie aber auch Führungskräfte, die mehr zulassen und delegieren können und nicht der Auffassung anhängen, sie könnten alle Herausforderungen am besten allein bewältigen. Nach wie vor haben wir es aber mit unzähligen Führungskräften in deutschen Unternehmen zu tun, die ihren »Wert« für das Unternehmen daran bemessen, dass sie selbst am besten wüssten, wie es richtig geht. Andererseits praktizieren diese Unternehmensführer ja Outsourcing bestimmter, ehemals firmeninterner Dienstleistungen wie zum Beispiel Personalverwaltung in außenstehende und großteils ausländische Firmen schon seit längerem. Schon deswegen ist nicht ganz nachzuvollziehen, warum sie das Outsourcing eigener Kompetenzen in die Verantwortlichkeit der angestammten Mitarbeiter im Hause nicht so toll finden. Für sie besteht nach meinen Erfahrungen eben immer die Furcht, dass sie deswegen in ihren Führungsleistungen abgewertet werden könnten. Diese Angst grassiert bis heute bis in die höchsten Vorstandskreise.

Worin würden Sie also die Hauptaufgabe der heutigen Spitzenmanager beziehungsweise Unternehmensgeschäftsführer – nicht zuletzt im Hinblick auf die Workforce Transformation – sehen?
Ich sage mal so: Ich muss am großen, strategischen Bild arbeiten. Wofür arbeiten wir heute, wofür werden wir in fünf Jahren arbeiten? Dazu muss man als Führungspersönlichkeit ein Mediator sein, der den Menschen im Unternehmen erklären kann, wohin die Marschrichtung für die nächsten Jahre geht und wie wir alle zusammen als Belegschaft dort hinkommen. Aber nicht nur nach dem Motto: Das ist meine Idee, sondern die haben wir alle zusammen erarbeitet, und diese Idee vermittele ich jetzt allen und freue mich auf Beiträge, und Vorschläge, wie wir alle zusammen dorthin kommen können. Das ist die edelste Aufgabe des Topmanagements überhaupt: Mitarbeitern zu erklären, wohin wir alle in Zukunft gehen wollen, und mit ihnen zusammen überzeugt und überzeugend diesen Weg zu beschreiten.

Lässt sich daraus auch der Schluss ziehen, dass Sie Frauen in den Führungsspitzen von Unternehmen künftig eine gewichtigere Rolle zumessen wollen?

Ich persönlich glaube, dass Frauen sehr, sehr gut ankommen bei den Mitarbeitern. Das Feedback auch für Jennifer Morgan, bis vor kurzem noch Co-Chefin von SAP, war sehr gut. Aber eine Amerikanerin in roter Lederjacke, die nicht in Walldorf Tennis spielt, kommt in den ehrenwerten männerdominierten Führungsspitzen eben nicht so gut an. Auch stellen wir fest, dass die Länder, die am besten durch die Corona-Krise kamen, oftmals von Regierungschefinnen geführt wurden und werden: Was haben Länder wie Norwegen, Neuseeland, Dänemark, Taiwan, Finnland und Deutschland gemeinsam? Ihre weiblichen Regierungschefs haben die Corona-Pandemie offenbar relativ gut im Griff. Frauen machen nicht solch einen Bohei, agieren aber meistens authentisch und verlässlich.

Vielleicht mag ich hier naiv argumentieren, aber ich habe einmal gelesen, dass Intelligenz zwar gleich verteilt ist zwischen den Geschlechtern, aber dass Frauen ihre Intelligenz häufiger für ihr Team einsetzen, Männer dafür umso mehr für ihren eigenen Status der Alpha-Position. Daher halte ich die Idee, mehr weibliche Führungskräfte in einem Gremium zu versammeln, für ziemlich genial. Die Problematik ist aber die: Solange wir nicht mehrere Vorbilder und Modelle weiblicher Führungskraft sehen, solange wir allzu schnell kategorisieren und in Schubladen stecken – zu laut, zu schrill, zu zickig, nicht charismatisch genug –, so lange dürfte sich breitflächig nicht viel ändern am Anteil von Frauen in Führungspositionen.

Ihnen wurde ja, als Sie noch Finanzvorstand bei der Lufthansa waren, auch immer wieder mal vorgeworfen, dass Sie, salopp gesagt, gerne mal eine kesse, vielleicht zu kesse Lippe riskieren.
Stimmt. Das wirkt sogar bis heute nach. Neulich wurde ich offenbar von einem größeren Unternehmen, das sich auch mit Transport und Logistik beschäftigt, als Aufsichtsrätin ins Spiel gebracht. Auf eine Vorabanfrage seitens dieses Unternehmens bei meinem früheren Arbeitgeber, so hörte ich, soll die Antwort gelautet haben: Nö, die Dame ist recht eigenwillig, das lassen Sie mal lieber.
Ich halte solche Homogenität im Denken und im Entscheiden für absolut kontraproduktiv und sogar gefährlich. Das führt nämlich dazu, dass ein homogener Kreis von Gleichgesinnten Strategieentscheidungen trifft, die eben nicht disruptiv sind, dass so ein Kreis eben nicht kreative Anstöße von der Seite, von jemandem, der ganz anders denkt, zulässt. Da braucht es viel mehr Mut in diesen Gremien, mehr Frauen und mehr frische Ideen willkommen zu heißen. Aber um Ihrer vermutlichen Anschlussfrage zuvorzukommen: Nein, Frauenquoten für Vorstandsgremien halte ich für keine gute Idee. Vorstandsteams im Gegensatz zu Aufsichtsratsgremien sind so klein, dass Sie mit so einer Quote mehr Schaden als Nutzen stiften können. Dann besetze ich nämlich solch einen Vorstand nicht mit den unterschiedlichen Persönlichkeiten, die sich am besten gegenseitig ergänzen. Dann wähle ich rein nach Geschlecht aus. Das darf es auch nicht sein.

»Die Zukunft wird flexibler sein – und virtueller«

Bertelsmann ist ein Medien-, Dienstleistungs- und Bildungsunternehmen, das in rund 50 Ländern der Welt aktiv ist. Zum Konzernverbund gehören die Fernsehgruppe RTL Group, die Buchverlagsgruppe Penguin Random House, der Zeitschriftenverlag Gruner + Jahr, das Musikunternehmen BMG, der Dienstleister Arvato, die Bertelsmann Printing Group, die Bertelsmann Education Group sowie das internationale Fonds-Netzwerk Bertelsmann Investments. Mit 126 000 Mitarbeiterinnen und Mitarbeitern erzielte das Unternehmen im Geschäftsjahr 2019 einen Umsatz von 18 Milliarden Euro. Bertelsmann steht für Kreativität und Unternehmertum. Diese Kombination ermöglicht erstklassige Medienangebote und innovative Servicelösungen, die Kunden in aller Welt begeistern. Bertelsmann verfolgt das Ziel der Klimaneutralität bis 2030.

Dr. Immanuel Hermrreck

Personalvorstand der Bertelsmann SE & Co. KGaA

Enge Verbindung: Konzernstrategie und Personalstrategie

Als Immanuel Hermreck, Jahrgang 1969, im Januar 2015 zum ersten Personalvorstand in der langen Geschichte von Bertelsmann berufen wurde, übernahm er einerseits die ganze Palette der mit dieser Funktion verbundenen klassischen Aufgaben, definierte jedoch andererseits von Anfang an zwei Arbeitsschwerpunkte, die er seitdem konsequent verfolgt: erstens die Stärkung und Weiterentwicklung der Unternehmens- und Leadership-Kultur, die sich unter anderem in den neuen, von ihm wesentlich mit auf den Weg gebrachten Bertelsmann Essentials *Kreativität und Unternehmertum* manifestiert; zweitens den Auf- und Ausbau eines weltweiten, die Grenzen von Ländern und Geschäften überschreitenden Talent-Managements im Konzern. Beide Schwerpunkte prägen bis heute die Personalstrategie Hermrecks. Und sie sind das Fundament für eine denkbar umfassende Workforce Transformation auf allen Ebenen, wobei sie wie so vieles andere durch die Corona-Pandemie eine erhebliche Beschleunigung oder Schärfung erfahren haben.

Erfolgskritisch ist für den Personalvorstand, dass seine – wie eigentlich jede – Personalstrategie immer aufs Engste an die Konzernstrategie gekoppelt ist. Als Mitglied des Bertelsmann-Vorstands trägt er dafür an entscheidender Stelle Sorge und Verantwortung. Die Konzernstrategie von Bertelsmann, die also auch den Rahmen setzt für die Personalstrategie, wurde 2012 von CEO Thomas Rabe definiert. Um das übergeordnete Ziel zu erreichen, Bertelsmann zu einem wachstumsstärkeren, digitaleren, internationaleren und diversifizierteren Unternehmen zu machen, wurden vier strategische Prioritäten festgelegt: Stärkung der Kerngeschäfte, digitale Transformation, Auf- und Ausbau von Wachstumsplattformen und Expansion in Wachstumsmärkte. »Als Familienunternehmen richten wir Strategie und Ziele langfristig aus, unterziehen sie aber einer ständigen Überprüfung und, wenn nötig, Anpassung«, sagt Immanuel Hermreck. »Doch auch fast zehn Jahre nach ihrer Formulierung sind unsere strategischen Prioritäten unverändert gültig – und ihre Umsetzung ist unverändert wirksam.« Das, so der Personalvorstand, belege nicht nur die positive Geschäftsentwicklung der vergangenen Jahre. Vielmehr sei Bertelsmann auf Basis dieser Strategie auch überdurchschnittlich robust durch die Corona-Krise gekommen.

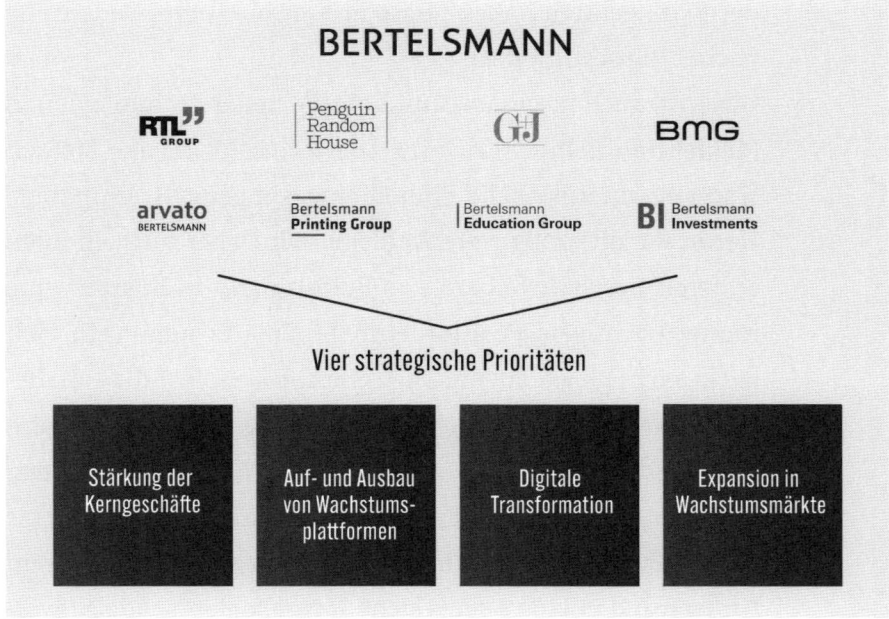

Strategische Prioritäten

Unauflösliche Einheit: Medien und Digitalisierung

Gerade in den Zeiten von Pandemie und Lockdown, von denen an späterer Stelle noch ausführlich die Rede sein wird, hat sich die strategische Priorität »Digitale Transformation« als besonders wichtig, tragfähig und erfolgversprechend für Bertelsmann erwiesen. Ob E-Books, Nachrichten-Websites, Online-TV, Musikstreaming oder Online-Learning – nur dank der vollständigen Digitalisierung seiner Medienangebote und Dienstleistungen konnte Bertelsmann unter dem Eindruck von Distanz und Abstand seine Inhalte an die Frau oder den Mann bringen. »Wir haben auf digitalem Wege, weltweit, zu jeder Tages- und Nachtzeit, einen nie da gewesenen Bedarf an Information und Unterhaltung erfüllt«, berichtet der Personalvorstand. Wen wundert, dass die digitalen Geschäfte kaum unter der Krise gelitten haben? Dass im Gegenteil ihre Bedeutung nachhaltig gestiegen ist.

Das trifft auch insgesamt auf die Rolle neuer Technologien in Medienunternehmen zu. »Digitale Technologien und Medien sind eine unauflösliche Einheit eingegangen«, ist Immanuel Hermreck überzeugt. »Technologie wird aber auch in allen anderen Geschäftsfeldern von Bertelsmann in Zukunft eine immer wichtigere Position einnehmen.« Er nennt ein vielleicht nicht gleich augenfälliges Beispiel: »Selbst die Inhalte-Geschäfte werden weitgehend technologiebasiert gesteuert, von der Identifizierung von Trendthemen über die bereits jetzt teilweise automatisierte Produktion und die Vermarktung bis hin zur Evaluation der Wirkung.« Bertelsmann hat vor diesem Hintergrund unlängst eine eigene Technologie-Agenda entworfen. Sämtliche Felder der neuen Technologien wurden auf ihre Relevanz für Bertelsmann hin auf Herz und Nieren überprüft. Dabei herausgekommen ist, dass vor allem drei Bereiche ausschlaggebend für die Zukunft des Unternehmens sein werden: Daten, Cloud und künstliche Intelligenz. Ihnen gilt seitdem die gesamte Aufmerksamkeit des Unternehmens bis in den Vorstand hinein.

»Daten«, erläutert Immanuel Hermreck diese Schwerpunktsetzung, »werden immer zentraler, um gut informierte Entscheidungen zu treffen oder beispielsweise Mediennutzer mit für sie relevanten Informationen in Echtzeit zu versorgen«. Er fährt fort: »Um die unüberschaubare Masse an Daten überhaupt aktuell verfügbar, auswertbar und nutzbar zu machen, ist wiederum der Einsatz von Technologien wie Cloudcomputing oder künstlicher Intelligenz unverzichtbar.« Wenn die Cloud ein Enabler in Unternehmen sei, übernehme künstliche Intelligenz die Funktion einer Schlüsseltechnologie, und Daten seien der Treibstoff, um sie anzutreiben. Erst aus einer solchen Kombination verschiedener ineinandergreifender Technologiefelder im Hintergrund könnten für den Konsumenten komplexe und personalisierte Dienste erbracht werden, die von diesem als relevant, hochwertig und gelegentlich vielleicht sogar als »magisch« erlebt würden. Das reiche von der persönlichen Empfehlung von Inhalten über die Verfügbarkeit bequemer Zahlungsmöglichkeiten bis zur rasanten Abwicklung der Lieferkette bis an die Haustür.

Neue Technologien erfordern neue Fähigkeiten

Daten, Cloud und künstliche Intelligenz also als Arbeitsschwerpunkte in einem mehr als 180 Jahre alten Medienunternehmen. Wie geht das zusammen? »Bertelsmann war immer innovativ und hat neue technische Entwicklungen nicht einfach nur aufgegriffen, sondern selbst vorangetrieben«, erinnert Hermreck, »und dabei kam es durchgängig auf eines an: auf die richtigen Leute am richtigen Ort. Auf kreative Köpfe, findige Unternehmer und engagierte Mitarbeiter, die große Freiräume genießen.« Daran hat sich nach tiefster Überzeugung des Personalvorstands bis heute nichts geändert. Und so gelte es auch jetzt, durch umsichtiges Recruitment von außen, mehr aber noch durch umfassende Weiterbildung im Unternehmen die technologischen Kompetenzen und Kapazitäten der Belegschaft von Bertelsmann gezielt auszubauen. »Nur so«, sagt er, »können wir unseren eigenen Anspruch erfüllen, zum technologisch führenden Medien-, Services- und Bildungsunternehmen in den Bereichen Cloud, Data und künstliche Intelligenz zu werden.«

Es ist also klar: Die Digitalisierung aller Branchen, in denen Bertelsmann tätig ist, wird Auswirkungen auf die Personalstruktur des mehr als 120 000 Beschäftigte zählenden Konzerns haben, auch wenn diese Auswirkungen sehr unterschiedliche Ausprägungen in den verschiedenen Geschäftsbereichen und Funktionen von Bertelsmann zeigen mögen. »Grundsätzlich können wir festhalten, dass durch den Einsatz von Technologien wie Cloud, Big Data und künstlicher Intelligenz neue Jobprofile in allen unseren Unternehmensbereichen entstehen«, beobachtet Hermreck. Diese Jobprofile und die jeweils notwendigen Skillsets differenzieren sich je nach Geschäftsbereich auch in unterschiedliche Rollen aus. Denn die Einsatzbreite reicht ja von der Steuerung und Evaluation von Marketingbudgets über die Bereitstellung von Such- und Empfehlungssystemen auf Video-on-demand-Plattformen bis zur komplexen Preisfindung für E-Books, deren Preis sich in den USA oft mehrmals täglich ändert. Doch entstehen in der alten Arbeitswelt von Bertelsmann nicht nur ganz neue Jobprofile wie die des Data Scientist. Vielmehr verlangen bereits existierende Profile oder Funktionen neue und erweiterte Fähigkeiten. Gleichzeitig verändert sich die Rolle der Führungskräfte: Einzelne Arbeitsschritte werden immer seltener detailliert vorgegeben, stattdessen setzt die Führungskraft verstärkt Impulse und coacht das Team aus Spezialisten bei der kreativen Problemlösung.

Dreiklang für die Zukunft: Weiterbildung, Talent Management, HR-Systeme

Im Wissen, dass alle Mitarbeiterinnen und Mitarbeiter von diesem Wandel betroffen sind, aber eben auch profitieren können, hat Bertelsmann ein umfassendes Instrumentarium geschaffen, um sie auf dem Weg in die digitale Zukunft zu begleiten und gleichzeitig die Workforce Transformation des Weltkonzerns nachhaltig voranzutreiben. Dazu der Personalvorstand: »Die Hebel, um einen Übergang von der heutigen in eine neue Arbeitswelt zu schaffen, sind vielschichtig und liegen in vielen Bereichen der HR-Wertschöpfungskette: Weiterbildung, Talent

Management und HR-Systeme.« An erster Stelle stehe hier das Thema Weiterbildung. Das wiederum ist nicht neu bei Bertelsmann, sondern genoss stets große Aufmerksamkeit. So war Bertelsmann Vorreiter im Bereich Corporate Universities. Und die Bertelsmann University, deren Chef Immanuel Hermreck von 2000 bis 2006 war, nimmt noch heute eine Schlüsselrolle ein, wenn es um die weltweite Weiterbildung bei Bertelsmann geht.

Das bezieht sich auch und vor allem auf die Weiterbildung in Sachen neue Technologien. Markantestes Beispiel ist das Udacity Technology Scholarship Program. Es ist eine weltweite Stipendieninitiative, in deren Rahmen Bertelsmann binnen drei Jahren insgesamt 50 000 Technologiestipendien in den

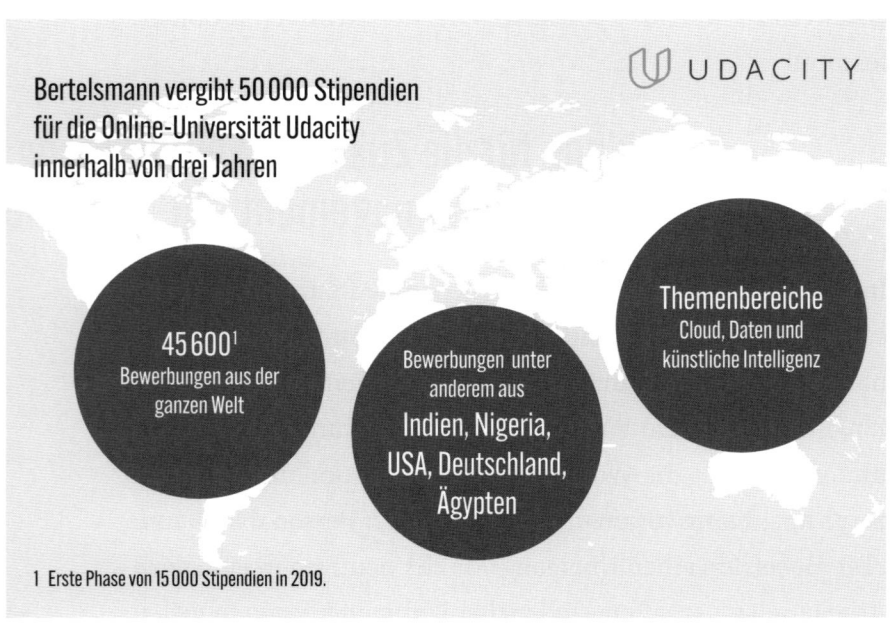

Udacity Technology Scholarship Program

Bereichen Cloud, Daten und künstliche Intelligenz vergibt. Allein für die ersten 15 000 Plätze im Jahr 2019 hatten sich 45 600 Menschen aus 180 Ländern beworben, unter ihnen – ganz nach dem Wunsch des Vorstands – mehrere tausend Mitarbeiterinnen und Mitarbeiter, die ihre digitalen Fähigkeiten ausweiten wollten. Für sie wie für die externen Stipendiaten hat die Bertelsmann University gemeinsam mit Udacity ein einzigartiges Studienprogramm aufgelegt. Udacity ist eine führende Online-Universität. Ihr Sitz ist im Silicon Valley, so wie der vieler ihrer Partner und Kunden. Bertelsmann wiederum ist einer der wichtigsten strategischen Investoren von Udacity. Im Zuge des Stipendienprogramms können die Stipendiatinnen und Stipendiaten anerkannte Abschlüsse erwerben, die ihnen in zahlreichen Hightech-Unternehmen Tür und Tor öffnen – genauso wie bei Bertelsmann. Die Resonanz der ersten Absolventen jedenfalls war gewaltig, im Herbst 2020 wurden weitere 15 000 Stipendien ausgeschrieben. 2021 folgt noch einmal dieselbe Zahl.

Dabei ist die Zusammenarbeit mit Udacity in solchen Programmen schon älter. Bereits 2017 hatte Bertelsmann seinen Beschäftigten Data-Science-Stipendien angeboten, die dann später erweitert wurden. Zudem wurde gemeinsam mit der internen IT ein konzernweites, auf sechs Rollen basierendes Kompetenzmodell für den Bereich Data Science entwickelt. Es adressiert das Rollenspektrum von Technologie bis Business. Alle Rollen sind mit passenden Lernpfaden hinterlegt, die kuratierte Lerninhalte von führenden Anbietern beinhalten, um Entwicklungen zielgerichtet zu unterstützen. Nach dem erfolgreichen Start im Datensegment soll das Modell nun auf die Bereiche Cloud und künstliche Intelligenz ausgeweitet werden. Das interne Data-Curriculum dient IT und HR dabei als Blaupause.

Neue Wege für neue Talente

Neben der Weiterbildung von Mitarbeiterinnen und Mitarbeitern genauso wie von Führungskräften ist ein umfassendes und durchdachtes Talent Management aus einer erfolgreichen Workforce Transformation nicht wegzudenken. »Unser Talent Management gewährleistet die gezielte Identifikation und Entwicklung von Talenten«, erklärt Immanuel Hermreck die Aufgabe, »und dadurch die Transparenz und Sicherstellung einer Talent-Pipeline für Topmanagement- und Schlüsselpositionen im Konzern.« In den vergangenen Jahren entstand so eine ganze Landschaft sogenannter Talent Pools, die je nach Managementlevel die Potenzialträger auf die Übernahme einer zukünftigen Position im Top- oder Senior-Management vorbereiten. Auch für die Talente in einer frühen Karrierephase stehen entsprechende Programme zur Entwicklung bereit. In den aktuellen drei Pool-Kohorten liegt die Quote der weiblichen Teilnehmerinnen übrigens bei 41 Prozent. Partner von Bertelsmann bei der Arbeit in und mit diesen Pools sind renommierte US-Universitäten wie Harvard oder Stanford. Sie stellen einige der brillantesten Köpfe aus Wissenschaft und Unternehmen, damit die Bertelsmann-Talente in einer einzigartigen Atmosphäre von ihnen lernen und sich mit ihnen vernetzen können – vor Ort, auf dem Campus der in so vielen Bereichen weltweit führenden Hochschulen.

Die Veränderung von Arbeitswelt und Karriereverständnis erfordert laut Hermreck trotz allem eine Erweiterung des bisherigen Talent-Management-Ansatzes mit Blick auf weitere Zielgruppen und neue Talentförderungskonzepte. »Wir werden hier verstärkt auf Experten und auf Talente in allen Hierarchieebenen, beispielsweise auf Digital-Profis, achten«, versichert der Personalvorstand. »Dasselbe gilt für neue Formate und eine größere Vielfalt in den Pools wie in anderen Gruppen.« Das Team 2030 ist ein gutes Beispiel dafür. 20 junge Kolleginnen und Kollegen unter 30 Jahren aus aller Welt, also Digital Natives im besten Sinne, wurden ausgewählt, um den Bertelsmann-Vorstand regelmäßig in Digitalthemen zu beraten. »Ein solch diverses Team haben wir selten im Konzern«, sagt Hermreck. Im 20er-Team befinden sich mehr Frauen als Männer und alle möglichen Berufsgruppen: von Kreativen bis hin zu IT-Spezialisten. Dieser Kreis soll mit dem Vorstand nur dieses eine Thema in den Fokus nehmen und sich Fragen stellen wie: Wo und wie finden wir neue Entwicklungen? Wen könnten wir von den besten Universitäten oder Thinktanks dieser Welt einladen, um von ihnen neue Anregungen zu bekommen und weiter zu lernen?

Für den strategisch wichtigen Technologiebereich wurden dezidierte Talentprogramme aufgelegt. MEDIAn etwa ist ein zwölfmonatiges internationales Rotationsprogramm für junge Data Scientists. Bertelsmann holt die besten Absolventen internationaler Universitäten und gibt ihnen die Möglichkeit, von Weltklasse-Experten zu lernen und direkt mit Bertelsmann-eigenen umfangreichen und vielseitigen Datensätzen zu arbeiten. Da die Teilnehmer unterschiedliche Bereiche von

Bertelsmann kennenlernen, sind sie gut positioniert, um den Austausch zwischen den Divisionen zu unterstützen und crossdivisionale Tech-Projekte weiterzubringen, beispielsweise das Bertelsmann ID Framework oder die Bertelsmann Collaboration Platform. Für das dezentral strukturierte Haus ein willkommener Nebeneffekt. HR leistet hier eine Art Verbindungsarbeit, von der die Geschäfte profitieren. Mehr noch: »Aus unserer ersten Kohorte haben alle Mitglieder spannende Anschlussstellen in der Organisation gefunden und arbeiten heute an innovativen Projekten oder leiten diese«, sagt Immanuel Hermreck. Auch damit nicht genug: »Durch die Betreuung dieser Zielgruppe und der Teilnehmenden lernen wir zugleich, was ihnen wirklich wichtig ist. Beispielsweise wollen viele nicht unbedingt einen klassischen Arbeitsvertrag. Sie möchten als Freelancer arbeiten. Oder sie sind bereit, weniger Geld zu verdienen, wenn sie bei Bertelsmann promovieren können. Das ist eine gute Gelegenheit, unsere traditionellen Strukturen anzuschauen und zu erweitern«, fährt der Personalvorstand fort. Lebenslang von anderen lernen zu wollen, das gilt eben auch und besonders für HR. Hermreck ist dazu bereit.

Nach ähnlichen Prinzipien funktioniert die Bertelsmann Exchange Initiative. Hier können interessierte Mitarbeiter von ihrem angestammten Geschäftsbereich zeitweise in einen ganz anderen wechseln: etwa vom IT- in den HR-Bereich oder auch vom Logistikgeschäft des Bereichs Arvato ins Verlagswesen bei Penguin Random House. Das erklärte Ziel liegt in der persönlichen Weiterentwicklung der transferierten Mitarbeiter und beginnt daher immer mit deren Neugier und dem Wunsch, Neues zu lernen und zu erleben. Anfangs war dieses bereichsübergreifende Konzept für Bertelsmann revolutionär. Doch das Pilotprojekt war sehr erfolgreich und wurde breit angenommen. Das Programm steht bewusst sämtlichen Bertelsmann-Mitarbeitern offen, nicht etwa nur Toptalenten.

Ein weiteres Modul, das auf die Adaptionsfähigkeit des Konzerns einzahlt, ist das »Regional Mentoring Program«. Hier werden Nachwuchskräfte mit erfahrenen Bertelsmann-Managern aus vorzugsweise jeweils anderen Geschäftsbereichen als Mentoren zusammengebracht. Dabei stehen Persönlichkeitsentwicklung und Wissenstransfer in beide Richtungen im Vordergrund. Die Erfahrungen zeigen, dass die erfahrenen Manager stark von den frischen Impulsen der oft jüngeren Mentees profitieren.

Moderne HR-IT als Basis

Eine moderne Weiterbildung, ein modernes Talent Management – sie wären ihrerseits undenkbar ohne die entsprechende technologische Basis, ohne ein nicht minder modernes und konzernweites HR-System. Es ermöglicht dem Unternehmen erst, Weiterbildungsangebote für das notwendige Upskilling der Mitarbeiterinnen und Mitarbeiter in vielen Sprachen für viele Geschäfte in vielen Ländern zur Verfügung zu stellen. Es schafft aber auch nachvollziehbar Transparenz über die Entwicklung der Talente als Voraussetzung für das zielgerichtete Talent Management. Auch unterstützt das HR-System von Bertelsmann globale Recruiting-Prozesse, und es erleichtert interne Karriereschritte. Immanuel Hermreck erklärt: »Wir haben verstanden, dass wir eine einheitliche HR-System-Basis brauchen, um dem wachsenden Bedarf an HR-Daten für die Unternehmenssteuerung heute und in Zukunft gerecht werden zu können. Auch deswegen haben wir bereits vor sieben Jahren damit begonnen, unsere Prozesse und Daten in einer HR-Cloudplattform zu harmonisieren.« Bertelsmann wisse aber auch, sagt er weiter, dass es ohne eine effektive HR-IT den steigenden Anforderungen im Management, von Führungskräften und den Mitarbeitenden nicht gerecht werden könnte. »Deswegen werden wir hier weiterhin einen Schwerpunkt unserer Arbeit setzen, damit Projekte und Programme etwa in den Bereichen Learning und Talent Management schnell und effektiv umgesetzt werden können.« Es sei selbstverständlich, dass Mitarbeiterinnen und Mitarbeiter genauso wie Führungskräfte HR-Prozesse und -Services modern und einfach erleben wollen, berichtet der Personalvorstand von den Erfahrungen aus seinem Unternehmen. »Wir alle sind es gewohnt, dass wir uns mit einfachen Apps und Tools privat organisieren. Wir arbeiten daran, solche Erlebnisse auch in der Arbeitswelt bei Bertelsmann zu schaffen, und konnten hier bereits große Fortschritte erzielen.« So haben alle Beschäftigten von Bertelsmann Zugriff auf Tausende E-Learnings zur selbstgesteuerten Weiterbildung – ein großer Teil bereits über ihre mobilen Endgeräte. Feedback-Prozesse laufen digital unterstützt, genauso wie Auswahl-, Nominierungs- und Besetzungsprozesse.

Changemanagement: Vom Projekt zum Programm

Immanuel Hermreck lässt keinen Zweifel daran, dass die vielen Veränderungen, die HR im Zuge der Workforce Transformation auf den Weg bringen oder begleiten muss, auch HR selbst mit Blick auf Rolle und Selbstverständnis grundlegend wandeln werden. »In der Vergangenheit kreisten bei den meisten Unternehmen HR-Arbeit und -Initiativen vorrangig um transaktionale Themen, quasi das Brot-und-Butter-Geschäft des Personalwesens«, erinnert der Personalvorstand. Dazu zählt er die Einführung effizienter und standardisierter Personalprozesse und Strukturen, entsprechende Systeme und Plattformen, die Versorgung der Führungskräfte mit den nötigen Instrumenten und Tools, den Aufbau von Weiterbildungsinstitutionen oder die Einrichtung von Shared-Service-Centern, um nur einige Beispiele zu nennen.

»Das alles sind große Errungenschaften, die die HR-Arbeit international auf ein hohes Niveau gehoben haben und die sowohl die Wirksamkeit und Reichweite als auch die Verbindlichkeit und Effizienz von HR beträchtlich erhöht haben«, stellt Immanuel Hermreck klar, denkt jedoch weiter: »Mit zunehmender Veränderungsgeschwindigkeit in den Unternehmen haben sich aber die Anforderungen an HR immer weiter in den transformationalen Raum verschoben. Dies ist eine Entwicklung, die bereits vor einer ganzen Weile begonnen hat und die mit Konzepten wie ›HR als Business-Partner‹ oder ähnlichen Rollenzuweisungen beschrieben wurde.« Mit Blick auf den Begriff Transformation setzt sich inzwischen mehr und mehr die Erkenntnis durch, dass der klassisch beschworene

»Change« wohl weniger ein Einmaleffekt ist, sondern vielmehr zum langfristigen Modus Operandi eines jeden Unternehmens werden muss. »Changemanagement verwandelt sich gewissermaßen vom Projekt zum Programm, um einen Wandel zu begleiten, der niemals aufhören wird«, ist Hermreck überzeugt.

Aus HR-Sicht geht es vor diesem Hintergrund vor allem darum, die andauernde Veränderung nicht nur zu begleiten, sondern zu gestalten. Und bei dieser Gestaltung rückt vorrangig die Frage des »Wie?« in den Blick. Nicht zuletzt auch, weil die Antwort auf die Frage nach dem zukünftigen »Was?« nicht immer so klar ist und auch in Zukunft nicht klarer werden wird. Das bedeutet, dass zusätzlich zu den notwendigen und wichtigen Brot-und-Butter-Aufgaben des klassischen Personalwesens die Unterstützung einer wandelbaren Organisation in den Fokus rückt, die in der Lage ist, sich immer wieder an neue Rahmenbedingungen anzupassen.

Dabei spielen Lernen und Entwicklung naturgemäß eine wichtige Rolle: insbesondere das für Bertelsmann bereits ausführlich beschriebene individuelle Lernen von Mitarbeitern und Führungskräften, um deren Fähigkeiten und ihr Skillset immer wieder an neuen Anforderungen und Entwicklungen auszurichten. Doch fügt der Bertelsmann-Personalchef hinzu: »Mindestens genauso wichtig ist das Lernen der Organisation, bei dem die Frage der Unternehmenskultur, die zugrunde liegenden Werte und Überzeugungen sowie der tiefere Sinn, der Purpose des Unternehmens, im Vordergrund stehen. Die Unterstützung einer kreativen Innovationskultur und unternehmerischen Performancekultur, die Befähigung des Unternehmens, sich immer wieder neu zu erfinden und Sinn zu stiften, um die Mitarbeiter zu motivieren und ihre Entfaltung zu ermöglichen, sind dann kein »Nice-to-have« mehr. Sondern sie werden zu den entscheidenden Faktoren für das Fortbestehen des Unternehmens an sich.

Bertelsmann Essentials – Fundament für Veränderung

Unternehmenswerte und Unternehmenssinn – Bertelsmann hat beides in einem intensiven Prozess unter der Führung des Personalvorstands in den vergangenen Jahren analysiert, hinterfragt, geschärft und neu definiert. Seinen Höhepunkt fand dieser Prozess in der Verabschiedung der neuen Bertelsmann Essentials *Kreativität und Unternehmertum* vor 500 Top-Führungskräften aus aller Welt im Mai 2019 im Zuge eines Management-Meetings am Stammsitz Gütersloh. Warum ihm das so wichtig war, erklärt Immanuel Hermreck mit den Worten: »Die Essentials sind der Kern von Bertelsmann. Sie zeigen, was uns einzigartig und stark macht und was wir besser können als andere Unternehmen: nämlich Menschen in den Mittelpunkt der Wertschöpfung zu stellen, ihnen Verantwortung zu geben und sie anzuspornen, selbst zu entscheiden und die Dinge einfach zu machen. Und das Tag für Tag neu auf möglichst kreative und innovative Weise, damit unsere Inhalte, Produkte und Dienstleistungen immer aufs Neue die Kunden, Nutzer, Leser, Hörer oder Zuschauer überzeugen. So werden Kreativität und Unternehmertum zu den Kernwerten, die uns antreiben – und zwar jeden von uns, jeden Mitarbeiter, jeden Unternehmer.«

Bertelsmann versteht Unternehmertum so, dass jeder Einzelne die Möglichkeit bekommt und auch ergreift, etwas zu bewegen. »Wer lieber darauf wartet, gesagt zu bekommen, was er tun und lassen soll, ist bei Bertelsmann eher fehl am Platze, und das überall«, formuliert es Hermreck. »Wer aber gestalten will und kreativ ist, für den ist Bertelsmann die erste Adresse, egal ob es sich um die Mitarbeiterinnen und Mitarbeiter von heute oder um potenzielle Kolleginnen und Kollegen von morgen handelt.« So verstanden sollen die Essentials für Bertelsmann zu einem Magneten werden – und nach innen zu einem alle verbindenden gemeinsamen Nenner über 120 000 Menschen in 50 Ländern hinweg.

Hermreck ist sicher, dass Kreativität und Unternehmertum bei Bertelsmann besonders stark ausgeprägt und in ihrer Kombination sogar einzigartig sind. Das wiederum sei notwendig für den Erfolg des Konzerns. »Denn wir arbeiten in einem Unternehmen, in dem es jeden Tag irgendwo darum geht, Inhalte, Lösungen oder Produkte neu zu denken oder neu zu erfinden. So ist Bertelsmann zu einem Unternehmen der Unternehmer und zu einer Heimat von Kreativen geworden. Und daher investiert unser Unternehmen Jahr für Jahr fast sechs Milliarden Euro in das vielfältigste Kreativangebot der Welt.«

Kritisches und freies Denken sind für Bertelsmann genauso wesentliche Elemente von Kreativität wie die Leidenschaft für neue Ideen, wie Neugierde, Fehlertoleranz und Innovationsfähigkeit. Entscheidend sind darüber hinaus eine gelebte Vielfalt insbesondere von Meinungen, der Austausch untereinander, Kommunikation und Kooperation. Wesentliche Kriterien des Unternehmertums, wie Bertelsmann es definiert, sind Freiheit,

Mut, Weitblick und Risikobereitschaft. Der Wille, Verantwortung zu übernehmen, ist von zentraler Bedeutung. Dasselbe gilt für den Respekt untereinander ebenso wie gegenüber Partnern oder Kunden. Hinzu kommt die konsequente Befähigung – treffender eigentlich beschrieben mit dem englischen Wort »Empowerment« – der Mitarbeiterinnen und Mitarbeiter, ein gerechtes und gesundes Arbeitsumfeld sowie die Verantwortung für Gesellschaft und Umwelt.

Die Freiheit zusammenzuarbeiten

Bertelsmann predigt, nicht nur in den Essentials, Freiheit und Freiraum des Unternehmers. Trotzdem ruft die Konzernleitung in den vergangenen Jahren zu mehr Zusammenarbeit und Allianzen innerhalb des Konzerns und zu mehr Partnerschaften mit Dritten auf. Für Personalvorstand Immanuel Hermreck ist das kein Widerspruch. »Die Wettbewerbslandschaft in unseren Branchen hat sich jüngst grundlegend verändert«, bekennt er. »Technologie ist zum bestimmenden Faktor geworden – und die Tech-Giganten Google, Amazon, Apple und Facebook geben auch in der Medienindustrie den Takt vor. Ihre Größe und Ressourcen machen sie zu harten Wettbewerbern für Bertelsmann, gleichzeitig sind sie an vielen Stellen gute Partner, die unsere Inhalte zeigen, spielen oder vertreiben und unsere Services in Anspruch nehmen.« Wenn ein Unternehmen wie Bertelsmann mit solchen Konkurrenten Schritt halten wolle, müsse es die eigenen Kräfte bündeln und externe Verbündete suchen. »Nur so«, sagt Hermreck, »gewinnen wir an Größe, Relevanz und Kompetenz im globalen Wettbewerb.«

Ein wichtiges Instrument sind gruppenweite interne Allianzen, mit denen Bertelsmann Kräfte und Kompetenzen in strategischen Themenfeldern bündelt, ohne die Autonomie der einzelnen Unternehmen anzutasten. »Inhalte werden auch in Zukunft nach Bedürfnissen des Marktes produziert«, stellt Immanuel Hermreck klar, »vor Ort, lokal, regional, in der Verantwortung der einzelnen Geschäftsführungen. Anders geht das nicht.« Dennoch ist Zusammenarbeit möglich. So hat Bertelsmann nach dem erfolgreichen Start der internen Ad Alliance für die Werbevermarktung auch eine Content Alliance für die Inhaltebereiche geschaffen. Zunächst in Deutschland, wo alle Inhalteunternehmen des Hauses mit von der Partie sind: das Fernseh-, Radio- und Produktionsgeschäft von RTL und UFA, die Buchverlagsgruppe Penguin Random House, das Musikgeschäft BMG und der Zeitschriftenverlag Gruner + Jahr. Eine Ausweitung auf andere Länder ist geplant. Der Prozess in Großbritannien und den USA ist schon weit fortgeschritten.

Mehr Zusammenarbeit vor allem mit Blick auf die mächtigen Konkurrenten sucht Bertelsmann auch im Technologiebereich. Ein neu gegründetes Tech & Data Advisory Board setzt strategisch den Ton, wenn es um Daten und Technologie geht. Es sorgt für Transparenz und Austausch über Ideen, Projekte und Lösungen, damit die einzelnen Konzernbereiche gegenseitig davon profitieren können und das Rad nicht immer wieder neu erfinden. Zudem stößt es übergreifende Technologieprojekte an und widmet sich der Schaffung einer konzernweiten technologischen Infrastruktur in entscheidenden Feldern. »Das Tech & Data Advisory Board ist so vielfältig wie Bertelsmann selbst«, berichtet Immanuel Hermreck. »Es vereint unterschiedliche Menschen, Funktionen, Länder und Ebenen.« HR sei integraler Bestandteil dieses Gremiums. Denn die Verknüpfung des Fachbereichs IT mit HR bietet die besten Möglichkeiten, notwendige und passende Maßnahmen proaktiv und zeitgerecht abzuleiten. Und in nur einem Jahr hat das Board schon eine Menge erreicht. Das gilt vor allem für seine beiden Kernprojekte, das Bertelsmann ID Framework und die Bertelsmann Collaboration Platform.

Zugleich sucht Bertelsmann im Tech-Bereich die Zusammenarbeit mit kompetenten externen Partnern. »NetID« für plattformübergreifende Log-ins ist so ein Beispiel oder auch die automatisierte Werbebuchungsplattform D-Force, die das Unternehmen zusammen mit ProSiebenSat.1 und weiteren Partnern betreibt. »Und natürlich nutzen wir auch die Möglichkeiten, uns als Investor zu beteiligen«, fährt der Personalvorstand fort, »um zu wachsen und neue Kompetenzen aufzubauen.« Das globale Fonds-Netzwerk von Bertelsmann Investments umfasste zum Jahresende 2019 rund 230 Beteiligungen, vornehmlich im technologischen Bereich und in den Wachstumsregionen des Konzerns, allen voran China.

»To Empower. To Create. To Inspire.«

Wenn Bertelsmann sich derart verändert – wenn Geschäfte und Divisionen ihre Silos verlassen, wenn stolze Unternehmer die Zusammenarbeit mit anderen suchen, wenn es mithilfe von HR gelingt, Menschen im Konzern zu verknüpfen – dann hat das unweigerlich Auswirkungen auf die Entwicklung und den Charakter der Personalstrukturen: »Zukunftsfähige Personalstrukturen zeichnen sich dadurch aus, dass sie in der Lage sind, sich möglichst schnell an sich verändernde Rahmenbedingungen anzupassen«, erläutert Immanuel Hermreck. »Eine der wesentlichen Erkenntnisse der Covid-19-Pandemie ist, dass es eben nicht möglich ist, jegliche Entwicklung zu antizipieren. Wenn ich aber Entwicklungen nicht zuverlässig vorhersagen kann, dann ist die Anpassungsfähigkeit oder Flexibilität eines Unternehmens die Königsdisziplin.«

Daher gehört für Hermreck zu einer solchen Personalstruktur der Zukunft auch die Etablierung einer Unternehmenskultur, die in einer sich ständig verändernden Welt Orientierung schafft und auch selbst dieser Dynamik gerecht wird. Das bedeutet, dass sich auch diese Kultur stetig weiterentwickeln und anpassen muss, damit sie lebt und gelebt wird. »Noch vor der Überarbeitung unserer Essentials haben wir aus diesem Grunde 2016 den ›Sense of Purpose‹ herausgearbeitet, unser großes ›Why?‹, unseren Unternehmenssinn«, blickt Immanuel Hermreck zurück auf eine spannende und intensive Zeit. An deren Ende stand der Sense of Purpose: »To Empower. To Create. To Inspire.« »Er fokussiert perfekt auf das ›Warum?‹, das uns bei Bertelsmann antreibt«, sagt der Personalvorstand. »Er bietet Sinnstiftung und Orientierung sowohl für unsere Beschäftigten als auch für unsere Kunden und Partner. Unser Purpose ist bewusst so offen formuliert, dass er den unterschiedlichen Unternehmensbereichen in der Dynamik der Geschäfte ausreichend Fläche für die bereichsspezifische Auslegung bietet.«

Was bedeutet das alles für die Führungskultur der Zukunft bei Bertelsmann? »Sie verändert sich natürlich ebenfalls grundlegend«, antwortet Immanuel Hermreck. »Und auch hier geht es um Anpassungsfähigkeit und Flexibilität.« Für die Ebene der Unternehmensführung ist das sogenannte »ambidextrous leadership« ein wichtiges Paradigma. Dieses Führungskonzept steht für die Notwendigkeit, einerseits neue Geschäftsfelder zu erkunden (explore), aber gleichzeitig auch alte Geschäftsmodelle optimal auszuschöpfen (exploit), um sowohl jetzt als auch in der Zukunft am Markt erfolgreich zu sein. Beide Facetten erfordern unterschiedliche, teils auf den ersten Blick durchaus konträr erscheinende Denkmuster und Verhaltensweisen. »Sie gehören dennoch beide gleichzeitig und gleichwertig zum integrierten Handlungsrepertoire moderner Führungskräfte, auch wenn das zunächst schwer vereinbar zu sein scheint«, erklärt Hermreck und ergänzt: »Auf der Teamebene sehen wir wiederum vermehrt den Bedarf nach agiler Führung. Und grundsätzlich auf allen Ebenen den Bedarf nach mehr Einbindung und Transparenz.«

Er weiß: »Das alles erfordert neue Denk- und Verhaltensweisen von unseren Führungskräften. Denk- und Verhaltensweisen, die manche Führungskraft erst noch lernen oder stärker verinnerlichen muss. Aber auch dabei steht HR mit einem breit gefächerten Angebot zur Seite. Ausgeklügelte Leadership-Programme machen seit Jahrzehnten den Kern des Angebots der Bertelsmann University aus«, führt Immanuel Hermreck aus. »Richtige Führung war und ist seit den Zeiten des Nachkriegsgründers und Jahrhundertunternehmers Reinhard Mohn das große Thema bei Bertelsmann. Das Unternehmen hat dafür ein Instrumentarium entwickelt, das seinesgleichen sucht – von Mitarbeiterbefragungen über Teamgespräche, Leistungs- und

Entwicklungsdialoge bis hin zu gezielten Fortbildungen.« Kurz gesagt: Bei Bertelsmann kann nicht jeder führen, wie er will, sondern er muss so führen, wie Bertelsmann es für richtig hält. Verantwortung zu delegieren ist dabei eines der Schlüsselprinzipien, vielleicht das wichtigste.

Meinung und Perspektive der Mitarbeitenden

An der überragenden Bedeutung richtig verstandener Führung wird sich nach der Überzeugung von Immanuel Hermreck auch in Zukunft nichts ändern. Er misst ihr daher die Rolle des Schrittmachers auf dem Weg des Konzerns zur Future Workforce bei. Wobei er klarstellt: »Future Workforce ist ein vielschichtiger Begriff für Bertelsmann: Es geht zum einen um das ›Wie wir miteinander arbeiten‹, aber auch um das ›Wer an welcher Stelle arbeitet‹ und konkret ›Welchen Job der Zukunft am besten besetzen kann‹.« Ein konkretes Analyseinstrument zum »Wie« ist dabei die erwähnte Mitarbeiterbefragung. Sie hat bei Bertelsmann eine lange Tradition. 1977 hat Reinhard Mohn als einer der ersten Unternehmer dieses Instrument in Deutschland eingesetzt, um die Mitarbeitermeinung einzuholen. »Auch heute noch führen wir alle zwei Jahre eine solche Befragung durch, jedoch kombinieren wir diese klassische Befragung mit kleineren Pulsbefragungen zu speziellen Themen und mit ausgewählten Zielgruppen«, sagt Immanuel Hermreck. »Die Einbindung verschiedener Mitarbeiter- und Managerperspektiven zu der entscheidenden Frage, wie wir bei Bertelsmann miteinander arbeiten, halten wir für sehr wichtig, um ein stimmiges, von allen getragenes Bild der Future Workforce zu entwickeln.«

Hermreck nennt konkrete Beispiele: »Bei der Überarbeitung unserer Unternehmenswerte haben wir eine Essentials-Befragung mit unserem Topmanagement und den Talent-Pool-Teilnehmern durchgeführt, um Stimmen einzuholen, was diese Zielgruppe für besonders relevant hält in Bezug auf die Werte, die Bertelsmann in Zukunft ausmachen sollen.« Oder aber: »Während der Covid-19-Krise haben wir das Topmanagement zu aktuellen und zukünftigen Effekten der Corona-Pandemie auf unsere Geschäfte und unsere Arbeit befragt.« Zusätzlich haben viele Bertelsmann-Firmen auch lokale Befragungen zu diesem Thema durchgeführt, um die Mitarbeiterperspektive einzuholen und adäquat auf die Bedarfe in der Krise zu reagieren. Bei der Kernfrage »Wie wir in Zukunft arbeiten« geht es für einen eher dezentral aufgestellten Konzern wie Bertelsmann insbesondere um den Grad der internen Zusammenarbeit. Hier zeichnet sich vor dem Hintergrund der Bündelung von Kräften in Allianzen ein neues Bild ab, bei dem die Zusammenarbeit intensiver, bereichsübergreifender, transparenter und agiler wird.

So unterschiedlich die Geschäftsaktivitäten von Bertelsmann sind, so unterschiedlich sind auch hier die Antworten und Lösungen. So sind beispielsweise nicht in jeder Branche und jedem Geschäft agile Arbeitsweisen oder ausschließliches Homeoffice denkbar. »Grundsätzlich aber ist es wichtig, die gewohnten Arbeitsweisen neu zu denken und gegebenenfalls notwendige neue Skills zu entwickeln«, meint Immanuel Hermreck. Das entspreche nicht zuletzt auch entsprechenden Erwartungen von jüngeren Generationen wie der »Generation Y« oder der »Gen Z«, für die agiles Arbeiten bereits natürlich sei und die schon heute einen Teil der Mitarbeiterinnen und Mitarbeiter von Bertelsmann bilden.

Um aber auch ganz konkrete Antworten auf die Frage geben zu können, wer insgesamt die Future Workforce von Bertelsmann bilden wird, hat sich das Unternehmen im besonders jungen und agilen Tech-Bereich einen genauen Überblick verschafft. Ziel war es, aus der Bestandsaufnahme künftige Bedarfe abzuleiten. Analysiert wurden unter anderem die Rahmenbedingungen der Organisationseinheit, eine Bedarfsermittlung von Ist und Soll, die strategische Bedeutung für den Unternehmenserfolg sowie der Retention- beziehungsweise Recruiting-Aufwand. Für die externe Kalibrierung erfolgte ein Abgleich mit den allgemeinen Marktentwicklungen. Schlüssel zum Erfolg war insbesondere die interdisziplinäre Zusammenarbeit zwischen den Experten der IT-Community und dem zentralen Personalbereich. Da diese Analysen immer nur Momentaufnahmen sein können, ist es essenziell, regelmäßig den Status dieses Bildes zu überprüfen – insbesondere mit Blick auf das Spannungsverhältnis zwischen solider Planbarkeit und einer dynamischen VUCA-Welt.

Covid-19 – die Pandemie als Beschleuniger

Das Wichtigste zuerst: Bertelsmann ist relativ glimpflich durch Pandemie und Krise gekommen: gesundheitlich, wirtschaftlich und finanziell. Doch von allein kam das beileibe nicht. »Wir haben auf allen Ebenen gegengesteuert«, berichtet Immanuel Hermreck, »und das schon früh, als unsere mehr als 3000 Kolleginnen und Kollegen in China als Erste betroffen waren.« So-

fort wurde ein konzernweiter Krisenstab unter der Führung von HR ins Leben gerufen, der sich seitdem erst wöchentlich, dann täglich und, wenn nötig, mehrmals am Tag und in der Nacht zusammenfindet, um Empfehlungen an den Vorstand auszusprechen. »Das war ganz wichtig«, sagt Hermreck, »denn die Sicherheit und die Gesundheit unserer 120 000 Beschäftigten war und ist unsere oberste Priorität in der Pandemie. Ihr muss sich alles unterordnen.« In diesem Sinne wurden Schritt für Schritt Hunderttausende von Schutzmasken für die Mitarbeiter geordert und kreuz und quer durch die ganze Bertelsmann-Welt geschickt. Dienstreisen wurden erst eingeschränkt, dann ganz verboten. Meetings fanden bald ausschließlich virtuell statt. Jedes Unternehmen erarbeitete ausgefeilte Hygienekonzepte für die Mitarbeitenden in den Betrieben mit der Unterstützung von Krisenstab und Betriebsärztlichem Dienst. Die interne Kommunikation des Konzerns informierte rund um die Uhr über Präventionsmaßnahmen, die Verbreitung des Virus und seine Auswirkungen auf die Geschäfte. Wo immer es möglich war, wechselten Mitte März die Beschäftigten ins Homeoffice. Es waren Zehntausende. Im Ergebnis gab es kaum Infektionen am Arbeitsplatz. Alle Bertelsmann-Firmen weltweit konnten ihre Arbeit ohne wesentliche Unterbrechungen fortsetzen. Parallel sicherte der Vorstand die Liquidität des Unternehmens.
In einer ersten Zwischenbilanz sagt Immanuel Hermreck: »Die Covid-19-Pandemie war eine Art Stresstest, den wir gut bestanden haben. Langfristig gesehen jedoch ist die Pandemie vor allem ein klarer Beschleuniger des Wandels – insbesondere für die Dinge, die bereits vorher angelegt waren.« So hatte

Bertelsmann im Vorfeld längst viele Voraussetzungen geschaffen, die sich in der Krise als vorteilhaft, wenn nicht als zwingend notwendig erweisen sollten. Es gab abgestimmte Homeoffice-Regelungen. Die IT hatte die Voraussetzungen für ein flächendeckendes Homeoffice beispielsweise durch einen umfassenden Cloud-Move und die Einführung von Office 365 geschaffen. »Videokonferenzen gehörten in einem Unternehmen, das so international arbeitet wie wir, natürlich vorher schon zum Alltag«, sagt Hermreck, »aber dass sie so schnell zur Normalität werden sollten und so gut funktionieren würden, hätten wir nicht gedacht.«

Auch hier reichte Technik allein natürlich nicht. Es bedurfte eines Mindset-Shifts sowohl bei den Beschäftigten als auch im Unternehmen. »Wer auf Arbeitgeberseite vor der Pandemie meinte, Homeoffice funktioniere niemals, ist nun eines Besseren belehrt worden«, urteilt Hermreck. Gleichzeitig mussten aber auch die Mitarbeiterinnen und Mitarbeiter umdenken und sich der neuen Situation öffnen. Wobei ihnen abermals HR zur Seite stand: mit digitaler Weiterbildung und mit gezieltem Upskilling in Themen wie Remote Work, Führung auf Distanz, aber auch bei Digitalisierungs- und Technologiethemen. Noch im März rief Bertelsmann eine umfassende interne Bildungsinitiative aus – mit ganz konkreten Onlinekursen rund um das Thema Homeoffice. »Tausende von Kolleginnen und Kollegen waren von einem Tag auf den anderen ins Homeoffice gewechselt«, sagt Immanuel Hermreck. »Wir wollten sie dabei unterstützen, diese neue Situation zu meistern.« Die Bertelsmann University hatte eigene themenspezifische digitale Lernangebote zusammengestellt. Da ging es beispielsweise um die Einrichtung eines geeigneten Arbeitsbereichs zu Hause, oder auch um die persönliche Zielsetzung und Tagesplanung und die Vermeidung störender Ablenkungen im Homeoffice. Von zentraler Bedeutung waren Angebote zu den neuen Formen der Kommunikation und der Zusammenarbeit mit Kolleginnen und Kollegen im eigenen Team unter Nutzung der dafür zur Verfügung stehenden digitalen Tools – und der Aspekt des Führens aus dem Homeoffice.

Was bleibt nach dem Schock?

Und was bleibt vom Homeoffice, was von den anderen Auswirkungen der Pandemie auf die Arbeitswelt? Hermreck antwortet: »Es ist sicher nicht zu erwarten, dass das Pendel wieder voll zurückschwingt, denn die meisten und weitreichendsten Veränderungen wurden nicht erst durch die Pandemie angestoßen, sondern sie waren grundgelegt und wurden nun durch die Pandemie beschleunigt.« Doch für HR erwächst daraus wieder eine neue Aufgabe: »Alle haben die Vorteile etwa des virtuellen Arbeitens persönlich erlebt, aber auch die Nachteile des fehlenden persönlichen Austausches. Unser Job wird nun sein, die positiven Learnings aus der Krise zu definieren und sie im ›New Normal‹ aufrechtzuerhalten beziehungsweise weiterzuentwickeln.« So ist Bertelsmann, um beim Homeoffice zu bleiben, bereits intensiv dabei, neue Formen des hybriden Arbeitens zu Hause, unterwegs oder im Büro zu entwerfen. Auch beim Thema Dienstreisen denkt das Unternehmen um, nicht zuletzt aus ökologischen Gründen: »Natürlich wird es wieder Dienstreisen geben. Für den Austausch in einem so dezentralen, gleichzeitig so internationalen Unternehmen ist das so wichtig wie die Luft zum Atmen«, ist Hermreck überzeugt, schränkt aber ein: »Nur wird sicher nicht mehr in dem Umfang gereist werden, den wir kannten. Wenn Telefon- und Videokonferenzen Dienstreisen in der Pandemie so effizient ersetzen konnten, warum dann nicht auch nach der Pandemie? Zumal die Auswirkungen auf unseren CO_2-Ausstoß enorm positiv wären.« Auch bei diesem Beispiel glaubt Hermreck, dass alte und neue Normalität zu einer neuen Arbeitswelt verschmelzen werden, die Vorteile für alle Seiten und vor allem für neue Generationen mitbringen wird. »Die Workforce Transformation jedenfalls, die Bertelsmann längst angestoßen hatte, erfährt durch die Corona-Pandemie einen enormen Schub. Und das ist gut für HR.«

New Normal also. Große Themen – nicht nur, aber auch für Bertelsmann. Auch frühere Visionen künftigen Arbeitens erfolgten ebenfalls oft in allerlei Wellenbewegungen. Einfach weil manche zunächst euphorisch begrüßten Neuerungen den Menschen und ihren Bedürfnissen nicht gerecht wurden. Mal waren Großraumbüros der letzte Hit, dann ging es wieder in die Einzelwaben, wo die Beschäftigten dann auch wieder gerne ihre Topfpflanzen aufgestellt haben. Dann war Führung plötzlich obsolet, wählbar oder austauschbar, was sich allerdings auch nicht so richtig bewährt hat. Es braucht also ein übergeordnetes, von allen Beteiligten nachvollziehbares, ermutigendes, wenn nicht gar begeisterndes Konzept, nach dem den Mitarbeitern Freiräume eingeräumt und ihnen seitens des Unternehmens das Gefühl von Verlässlichkeit, Nachhaltigkeit und Langfristigkeit vermittelt werden kann – ob im Home-

office oder im Konzernbüro. Zumal der Begriff Freiraum für unterschiedliche Mitarbeiter auch Unterschiedliches meint, bei Bertelsmann jedoch von zentraler Bedeutung ist.
Entscheidend bei allen diesen Fragen ist letztlich, welche Ergebnisse in diesen inzwischen weithin unterschiedlich organisierbaren Arbeitsräumen erzielt werden können. Sollen es kreative Ideen sein oder Verwaltungsleistungen im Takt der 8-bis-17-Uhr-Anwesenheit? Aber die erste Frage sei immer, so Hermreck, was die einzelnen Beschäftigten für eine Arbeitsumgebung in welchem Setting brauchen, um optimal arbeiten und so kreativ und erfolgreich wie möglich sein zu können. »Dazu«, erklärt Hermreck, »brauchen wir sicher vielleicht nicht mehr Präsenzmeetings und sonstige Abhak-Veranstaltungen, aber mehr Empowerment der Mitarbeiter. Ziemlich sicher wird die Zukunft flexibler und virtueller sein als die Vergangenheit.«

Next Level EnBW

Die Energie Baden-Württemberg AG – EnBW – gehört zu den größten Energieversorgungsunternehmen in Deutschland und in Europa mit mehr als 21 000 Mitarbeitern und einem Jahresumsatz von zuletzt 18,7 Milliarden Euro (2019). Das Unternehmen versorgt rund 5,5 Millionen Kunden mit Strom, Gas und Wasser sowie mit Energielösungen und energiewirtschaftlichen Dienstleistungen. Mehrheitseigentümer der EnBW sind das Land Baden-Württemberg und die Oberschwäbischen Elektrizitätswerke, ein kommunaler Zweckverband. Ihr vorrangiges Ziel sieht die EnBW vor allem in der zuverlässigen Energieversorgung des baden-württembergischen Heimatmarktes sowie darin, die Bestrebungen von Bürgern, Kommunen und Unternehmen nach einer dezentralen und selbstverantworteten Energieversorgung als Partner zu unterstützen. 2013 hat sich das Unternehmen mit dem Motto »Energiewende. Sicher. Machen.« neu ausgerichtet. Seitdem treibt die EnBW die Energiewende in Deutschland voran und hat die Konzernstrukturen signifikant verschlankt, um schnell und flexibel am Markt agieren zu können. Forciert wird seither der Ausbau erneuerbarer Energien, vor allem der Windkraft. Den strategischen Fokus legt die EnBW zunehmend auf den Infrastrukturaspekt bestehender Geschäftsfelder und darüber hinaus auch auf neue Wachstumschancen jenseits des Energiesektors.

Colette Rückert-Hennen ist seit 2019 Arbeitsdirektorin der EnBW und im Vorstand für Personal und Recht zuständig. Zuvor war die Juristin Personalvorständin der Solarworld AG.

Dr. Frank Mastiaux ist seit 2012 Vorstandsvorsitzender der EnBW Energie Baden-Württemberg AG. Zuvor gehörte der promovierte Chemiker in verschiedenen Topmanagement-Positionen dem Eon-Konzern an.

Dr. Frank Mastiaux
Colette Rückert-Hennen

Dr. Frank Mastiaux, Vorstandsvorsitzender der EnBW Energie Baden-Württemberg AG und Colette Rückert-Hennen, Personalvorständin und Arbeitsdirektorin

Transformation der EnBW – Wie aus Problemen Chancen werden

Es war damals, kurz nach Fukushima Mitte März 2011, eine mehr als nur herausfordernde Zeit für alle traditionellen Energieversorger in Deutschland, als Bundeskanzlerin Angela Merkel nur wenige Tage später den deutschen Ausstieg aus der Kernenergie verkündete. Und das, obwohl die von ihr geführte Bundesregierung kurze Zeit davor noch eine Laufzeitverlängerung der deutschen Kernkraftwerke beschlossen hatte. Ein schwerer Schlag gerade für die EnBW, die damals unter allen Energieversorgern den größten Anteil an Kernenergie am traditionellen, zentralen Energieversorgungsgeschäft vorzuweisen hatte.

Bereits 2012 leitete der damalige EnBW-Vorstand unter der neuen Führung von Frank Mastiaux einen tiefgreifenden Umbau des Unternehmens ein. Eines Energieunternehmens, das sich aus seiner traditionellen Energieversorgerrolle seither auf eine neue Welt nach der seitens der Bundesregierung beschlossenen Energiewende vorbereiten musste: Ausstieg aus der Kernenergie und inzwischen auch aus der Kohleverstromung und damit vollständiger Umstieg auf erneuerbare Energien. Diese erste große Phase der Energiewende war und ist stark vom Prozess einer technologischen Umstellung des gesamten Energieversorgungssystems geprägt: weg von einer zentralen konventionellen Erzeugung über Großkraftwerke hin zu einer ausschließlich regenerativen und stärker dezentralen Erzeugung. Diese Entwicklung wurde in hohem Maße und bis heute energiepolitisch vorangetrieben und regulatorisch abgesichert.

Im Vordergrund standen dabei die großen Schwerpunktthemen:

— Ausstieg aus der Kernenergie,
— Ausbau der erneuerbaren Energien,
— Erweiterung der Strom- und Gasnetze,
— schrittweiser Rückzug aus der Kohleverstromung.

Diese Phase des Umbaus wurde nicht zuletzt von einer sehr intensiven und oft konfliktgeladenen Auseinandersetzung zwischen Energiebranche und Politik zu den einzelnen Themen begleitet. Neben negativen ökonomischen Konsequenzen für die Unternehmen hat unter diesem »Dauerkonflikt« auch der gesellschaftliche Ruf der gesamten Branche gelitten.
Nach der ersten Umbauphase von 2012 bis 2020 hat EnBW unter Mastiaux' Ägide inzwischen ihre alte Profitabilität wiederhergestellt, wenn auch mit einem völlig neuen Geschäftsportfolio. Die kommenden Jahre sollen von diesem Stabilitätsplateau aus durch absolutes Wachstum gekennzeichnet sein, sodass das Ergebnis des Jahres 2025 deutlich über dem derzeitigen liegen und einen historischen Höchstwert erreichen soll. Das will Mastiaux durch Wachstum in bestehenden, insbesondere aber auch in neuen Märkten innerhalb und außerhalb des Energiebereichs erreichen: Netzausbau für Telekommunikation durch Breitbandausbau etwa, aber auch durch Forcieren der E-Mobilität. So ist EnBW heute schon der größte Anbieter von Schnellladesäulen und will bis 2025 so viele E-Tankstellen im Land errichtet haben wie es heute Benzin- und Dieseltankstellen der größten Mineralölfirmen gibt, also

zwischen 2000 und 3000. Als dritte Wachstumssäule für neue Geschäftsmodelle schließlich steht das Geschäftsfeld urbane Infrastruktur auf der Zukunftsagenda, das Themen wie Sicherheit auf öffentlichen Plätzen, Cybersecurity oder nachhaltige Quartiersentwicklung umfasst. Dabei geht es vorzugsweise um die Frage, solche für das moderne urbane Zusammenleben unverzichtbaren Systeme bestmöglich zu managen und anzuwenden – von der Energieversorgung über Mobilitätssteuerung bis zur Straßenbeleuchtung, wo die unterschiedlichen Infrastrukturen jeweils optimal ineinandergreifen müssen. Wobei Mastiaux zufolge auch die sozialen Aspekte bei nachhaltiger Quartiersentwicklung unter Einbeziehung der Bürger nicht zu kurz kommen dürfen. »Der Bäcker und der Schreibwarenladen um die Ecke sind wichtige Treffpunkte für den sozialen Austausch und tragen entscheidend zu Lebensqualität und Wohlgefühl bei.«

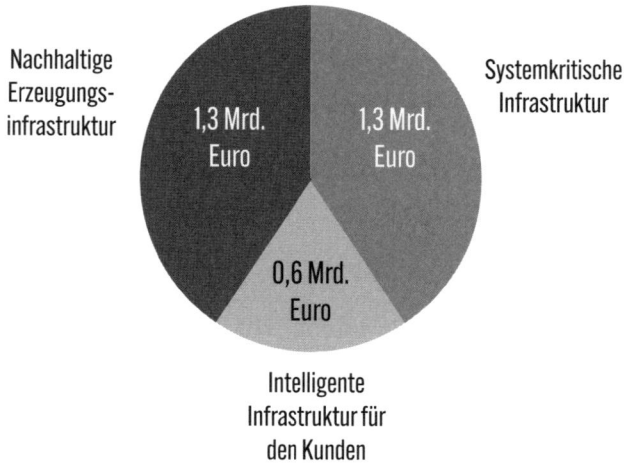

Strategie EnBW 2025 (Steigerung des operativen Ergebnisses auf 3,2 Mrd. Euro)

Frank Mastiaux sieht die EnBW der Zukunft als ein Unternehmen, das seine Veränderungsagenda kontinuierlich und konsequent weiter fortsetzt. »Wir werden also, das steht fest, auch künftig ein Unternehmen sein, das sich auf erneuerbare Energien und den weiteren Netzausbau konzentriert. Wir werden aber auch neue Märkte im Bereich Infrastruktur ins Visier nehmen, auch über das Thema Energie hinaus«, fasst Frank Mastiaux zusammen.

Digitalisierung bedeutet auch Dezentralisierung

Schon seit längerer Zeit ist absehbar, dass Digitalisierung und Dezentralisierung zu den entscheidenden Treibern der weiteren Entwicklung auf den Energiemärkten gehören und damit auch für die Zukunftsplanung der EnBW. Digitalisierung und Nachhaltigkeit gehören dabei untrennbar zusammen. Die Energiewende tritt, wenn man so will, in eine neue Phase.
Diese Phase wird indes in Zukunft viel stärker durch Markt, Kunden und Technologien und weniger durch Politik und Regulierung beeinflusst und getrieben werden. Sie wird zudem vom Land (Onshore-Windparks und Netzausbau) stärker in die Städte (E-Mobilität, Connected Home, nachhaltige Stadt) ziehen. Es zeichnet sich vor allem eine zunehmende Vernetzung von bisher vereinzelten Systemen und Strukturen ab, im Kleinen wie im Großen. Gleichzeitig betreten bereits heute schon und in Zukunft noch mehr neue Wettbewerber das Spielfeld. Es handelt sich um kleine, schlanke und hochagile Unternehmen, oft im Start-up-Modus, die auf einzelnen Wertschöpfungsstufen in hohem Maße kostengünstige und kreative

Leistungen und Produkte anbieten. Diese Veränderungen auf der Anbieterseite verbinden sich mit erheblichen Veränderungen auf der Kundenseite.

In den privaten Haushalten wird sich Solartechnik zunehmend mit Speichertechnik verbinden. Digitale Intelligenz wird die Strom-, Gas- und Wärmeversorgung bis hin zu Lademöglichkeiten für Elektroautos zu einer autonomen Energieversorgung vernetzen. Aus Strom- und Gasverbrauchern werden so selbstständige Energieproduzenten und Energiemanager. Allein dies wird die persönliche und individuelle Einstellung der Kunden und Bürger zum Thema Energie grundlegend verändern und sehr wahrscheinlich auch gegenüber den früheren Vorbehalten gegen die »Energieriesen« viel positiver stimmen.

Im Zuge dieser Entwicklung werden sich private Haushalte zu Gemeinschaften verbinden und so virtuelle Kraftwerke bilden können – wie es bei Windparks heute schon der Fall ist. Energie wird von den Kunden und Bürgern nicht nur selbst erzeugt, sondern über die bestehenden Strom- und Gasverbindungen auch getauscht, geteilt und gehandelt.

Schließlich werden sich ganze Wirtschaftssektoren verbinden. Die Elektromobilität zum Beispiel verbindet heute schon den Energie- und den Verkehrssektor. Dies wird sich auf weitere Infrastrukturbereiche ausweiten.

Das bedeutet in Summe: Bisher getrennte Einzelsysteme und Infrastrukturen werden durch Digitalisierung zusammenwachsen. Das Gesamtsystem wird dadurch deutlich komplexer und interaktiver, die Akteure übernehmen dabei neue und zum Teil wechselnde Rollen. Aus Verbrauchern werden zum Beispiel tendenziell Energieproduzenten und Energiemanager, die vor allem auf ihre Autonomie und auf Klimafreundlichkeit setzen.

Ob private Verbraucher, industrielle Kunden oder Kommunen und Städte: Für alle Akteure der zukünftig stärker dezentralen und digitalen Energiewende wird das Thema Infrastruktur zunehmend im Vordergrund stehen.

Für Energieunternehmen wird es daher darauf ankommen, eine Infrastruktur zur Verfügung zu stellen, die ohne Einschränkungen zuverlässig ist und aus Sicht der Kunden und Anwender nachhaltig und so einfach wie sicher zu bedienen ist. Diese Infrastruktur reicht von der Erzeugung über die Verteilung bis zu Anwendung und Verbrauch von energiebetriebenen Infrastruktur-Dienstleistungen. Und es wird noch mehr darauf ankommen, diese Infrastruktur zuverlässig und sicher zu betreiben und an Marktentwicklungen ständig anzupassen. Dies alles wird die Energiewelt – nicht nur für EnBW – in den kommenden Jahren wahrscheinlich noch radikaler verändern als alle bisherigen Entwicklungen bei Energieerzeugung und -vertrieb zuvor.

Die begleitende Personaltransformation bei EnBW

Colette Rückert-Hennen kam im März 2019 ins EnBW-Vorstandsteam und fand im Unternehmen eine Mannschaft mit hohen technologischen Kompetenzen und erwiesener Bereitschaft vor, Veränderungen anzunehmen und mitzugestalten: »Das sind ganz hervorragende Voraussetzungen, auf denen wir gezielt in der jetzigen zweiten Transformationsphase aufbauen können. Aber damit allein können wir die zweite Phase, in

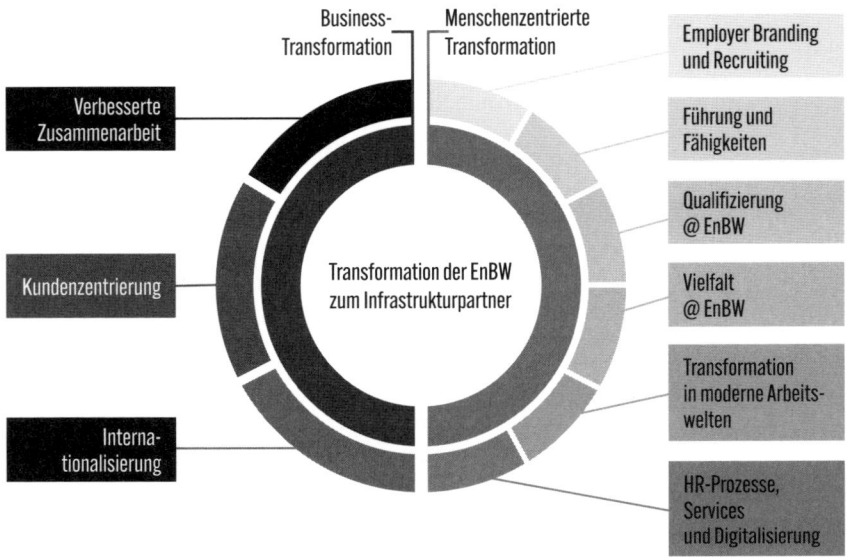

Die begleitende Personaltransformation bei EnBW

der wir die EnBW auf das ›next level‹ heben möchten, noch nicht erfolgreich umsetzen. Dafür müssen wir noch intensiver an den Fähigkeiten arbeiten, die wir für unsere Zukunft benötigen, etwa in digitale Kompetenzen investieren und obendrein lernen, den Kunden und seine Bedürfnisse in das Zentrum unseres Handelns zu stellen.«

Dabei sieht Rückert-Hennen drei wesentliche Treiber der Transformation, allen voran den weiteren und dazu auch schnellen Aufbau sogenannter »future skills«, wie etwa ein sich in zunehmend agilen Organisationen veränderndes Führungsverständnis, aber auch digitale Kompetenzen, da eine Vielzahl der neuen Geschäfte – Beispiel Ladesäulen – digital betrieben und digital genutzt werden. Dabei muss immer zuerst vom Kundenbedürfnis und vom Nutzen für die Kunden her gedacht werden, die früher, nach dem alten Geschäftsmodell und dem traditionellen Selbstverständnis der EnBW, nicht unbedingt die Hauptrolle spielten. Dazu ist es nach Rückert-Hennen drittens unabdingbar, ständige Lernbereitschaft bei den Beschäftigten gezielt zu fördern und sie durch Innovationsimpulse zu ermutigen, auch den nächsten Schritt zu gehen.

Aber dazu ist es ebenso unabdingbar, dass die HR-Verantwortlichen beständig auf Augenhöhe mit den Businessverantwortlichen operieren und strategisch eingebunden sind, damit sie genau abschätzen können, in welche Richtung die Mitarbeiter neu lernen oder dazulernen müssen. Das ist auch eine neue Herausforderung für HR, nicht nur bei EnBW. HR wurde traditionell von Unternehmensvorständen mehr als Dienstleister für die Umsetzung bestimmter Vorgaben gesehen. »Bei uns ist das anders«, betont Colette Rückert-Hennen, »bei EnBW ist es so, dass auch HR neue Kompetenzen aufbauen muss, um das Business bei seinen strategischen Plänen beraten zu können, also echter strategischer Partner zu sein.«

In der auf diese neue HR-Rolle zugeschnittenen Strategie hat Rückert-Hennen 80 Mitarbeiter der HR-Abteilung, die vorher noch nie agile Arbeitsmethoden kennengelernt hatten, in einen Design-Thinking- und Scrum-Prozess involviert. »Das war ziemlich mutig«, meint Rückert-Hennen, »weil ich nicht wusste, was dabei herauskommen würde. Aber es lief hervorragend. Jetzt haben wir 80 Qualifizierte in der HR-Abteilung, und die nächsten 50 stehen schon in den Startlöchern. Am Anfang herrschte bei den Beteiligten natürlich, wie zu erwarten war, Skepsis vor, aber jetzt geht geradezu eine Begeisterungswelle durch das Unternehmen. Die 80 HR-Mitarbeiter lernen selbstständig dazu und tragen andererseits als Botschafter das Neue in die Organisation, bauen also Vorbehalte gegen das Neue und gegen neue Lernmethoden ab.«

Neue Anforderungen an die Führung

Als weiteren wichtigen Punkt im Transformationsprozess nennt Colette Rückert-Hennen die veränderten Anforderungen an Führung. »Wir brauchen mehr sinnstiftende Führung, wir brauchen mehr kollektive Führung, und wir müssen sehen, dass Führung dazu in der Lage ist, die Mitarbeiter zu empowern, zu motivieren. Das Top-down-Prinzip war gestern, damit bekommen Sie heute keinen Mitarbeiter mehr hinter dem Ofen hervorgelockt. Heute wollen die Mitarbeiter wissen, wofür sie was tun, sie brauchen Sinn, sie brauchen Purpose. Bekommen sie diesen Sinn vermittelt, entfalten sie ihr ganzes Potenzial, dann gehen sie die Extrameile, weil sie wissen, wofür. Das ist die neue Art der Führung, die es für die Transformation der EnBW braucht.«

Eine der Kernfragen von Colette Rückert-Hennen ist: Wie kann man von der einen Transformation in die nächste gehen, ohne dass die Mitarbeiter müde werden? Wie können wir ihre Anpassungsfähigkeit und Veränderungsfreude fördern und unterstützen? Das alte Change-Konzept – wir haben jetzt eine neue Strategie, der müsst ihr folgen, und wir geben euch ein paar Schulungen – funktioniert nicht mehr, ist Rückert-Hennen längst klar. Ganz entscheidend ist es für sie, das Thema Sinnhaftigkeit noch viel stärker in den Vordergrund zu rücken.

Die Mitarbeiter müssen diese nächsten Schritte für ihr eigenes Fortkommen und das des Unternehmens, in dem sie arbeiten, antizipieren, sie müssen dazu stehen, und sie müssen damit auch selbst Teil des Transformationsprozesses sein. Nichts geht mehr über die Köpfe der Mitarbeiter hinweg, nur noch mit ihnen gemeinsam. Dazu bedarf es, Begeisterung und Inspiration auslösen zu können, was allerdings auch nicht jede Führungskraft vollständig beherrscht. Was die Frage aufwirft: Wer sind die richtigen Führungskräfte der Zukunft? Haben wir genügend an Bord? Müssen wir uns nach begeisternden, motivierenden, ihre neue Coach-Rolle voll akzeptierenden Managern anderweitig umsehen?

Als Beispiele nennt Rückert-Hennen hier das »mutige Vorbild« oder der »selbstreflektierte Lerner«. Führungskräfte sollen mit Mut, Team- und Pioniergeist vorangehen und Feedback aktiv einfordern, um Lernimpulse für sich zu erhalten. Habe ich eigentlich noch alle Fähigkeiten, die ich künftig brauche, oder muss ich mehr und anderes dazulernen? Bis Ende 2020 durchliefen hierfür alle Führungskräfte des Managements bei EnBW die Management Development Journey, ein Programm, um sich mit diesen Schlüsselkompetenzen auseinanderzusetzen und ihre individuellen Entwicklungspläne (auch auf Basis von 360-Grad-Feedbacks) selbst, aber natürlich auch mit Unterstützung durch HR zu entwickeln und umzusetzen.

Essenziell wichtig ist dabei, so Colette Rückert-Hennen, dass Führungskräften nachhaltig bewusst wird, dass sie den Mitarbeitern Vertrauen schenken und Autonomie gewähren müssen, was vielen altgedienten Vorgesetzten nicht immer leichtfällt. Der nächste Schritt wäre dann, in einer agilen Organisation zudem mit geteilten und wechselnden Führungsrollen zu arbeiten, je nachdem, ob für die jeweilige Führung im Team gerade das Vorantreiben des Business im Fokus steht, der Kundenkontakt oder ob es in bestimmten Phasen darum geht, die Mitarbeiter mitzunehmen und ihnen alles Nötige zur Verfügung zu stellen, was sie für ihre Arbeit brauchen. Dazu, so Rückert-Hennen, bräuchte es allerdings noch eine Anpassung der deutschen Mitbestimmungsgesetze, die solchen autonomen Entscheidungen über zum Beispiel Urlaubsregelungen, Arbeitszeiten und Ähnliches vielfach Steine in den Weg legen, da diese Mitbestimmungsregelungen noch ganz den Geist der alten Topdown-Hierarchien in den Unternehmen atmen.

Die neue Rolle der HR bei der zweiten Transformation der EnBW

In der ersten Transformationsphase der EnBW standen, wie beschrieben, noch andere Schwerpunktthemen im Vordergrund, etwa die Änderung des Geschäftsportfolios durch den Umbau des traditionellen Energieversorgungsunternehmens sowie die Anforderung, in vielen Bereichen massiv die Kosten zu senken. So konnten die beeinflussbaren Kosten zwischen 2012 und 2019 um ein Drittel gesenkt werden, also jeder dritte Euro verschwand dauerhaft von der Kostenrechnung, und das ganz ohne Personalabbau. Andererseits gab es natürlich Abfindungsangebote, Frühruhestandsregelungen und andere Maßnahmen der Personalreduktion. In dieser Phase war eine Neuaufstellung der HR-Abteilung noch nicht in dem Maße möglich wie heute in der zweiten Transformationsphase. Die

Aufgaben der HR-Verantwortlichen waren in den ersten acht Jahren des Umbaus eher eine Konsequenz des Handelns, aber nicht der Treiber des Handelns, so Frank Mastiaux.

In der zweiten Transformationsphase, die auf einem klaren und nachhaltigen neuen Geschäftsprofil gründet, ist es viel leichter, Themen wie geordnete Nachfolgeplanung, konsistente Kompetenzprofile über die kommenden Jahre, digitalisierte Qualifikationsangebote und vieles mehr in den Blick zu nehmen. Oder wie Frank Mastiaux sinnfällig sagt: »Ich muss ja erst einmal das Haus errichten, bevor ich mir Gedanken über die Farbe der Tapeten mache.« In der gegenwärtigen Phase der Transformation ist es viel leichter, die Kompetenzen der einzelnen Mitarbeiter im Einklang mit den nötigen Kompetenzen des Unternehmens gemeinsam zu entwickeln.

Auf dieser transparenten Grundlage ist es für die HR-Unit ebenfalls viel einfacher, die richtigen und zielführenden Schritte bei der personellen Umsetzung der strategischen Marschrichtung zu gehen, und das in enger Vernetzung mit den jeweiligen Geschäftseinheiten. Nicht zuletzt, so Mastiaux, ist die neue HR-Abteilung bei EnBW insofern auch ein Stück weit kulturprägend, als diese Einheit durch ihre Neuausrichtung selbst Abschied genommen hat von ihrer ehemals bürokratisch-administrativen Funktion hin zu einer vorausschauenden, fördernden, veränderungstreibenden und unterstützenden – kurz: Unternehmenskultur prägenden Rolle.

Jede strategische Planung, so Mastiaux, ist über kurz oder lang mit der Frage konfrontiert, wie leistungsfähig eigentlich die eigene Organisation ist. Wer den Mitarbeitern unrealistische Ziele setze – sinnbildlich: aus dem Stand 2,35 Meter überspringen zu können –, muss zwangsläufig scheitern. Insofern ist Strategiearbeit unmittelbar zu verbinden mit der strategischen Personalplanung, also der Frage, welche Kompetenzen im Unternehmen vorhanden sind, wie sie weiterzuentwickeln und gegebenenfalls zu ergänzen sind.

Wie kaum ein anderes Unternehmen auch außerhalb des Energiebereichs hat die EnBW – wie anfangs schon ausgeführt – eine einzigartige Umwälzung des angestammten Geschäfts vorgenommen und den Umbau konsequent nach klaren Zielen ausgerichtet: Ausgangsbasis war die im Nachhinein realistische Annahme, dass das bisher traditionelle Kerngeschäft der konventionellen Energieerzeugung von 2012 bis 2020 im Ergebnis um 80 Prozent zurückgehen würde. Dieser drastische Ergebnisrückgang sollte durch Effizienzmaßnahmen und Wachstumsinitiativen bis 2020 vollständig ausgeglichen werden. Dabei sollte das Ergebnis der erneuerbaren Energien um 250 Prozent, das der Strom- und Gasnetze um 25 Prozent sowie das Vertriebsergebnis um 100 Prozent gesteigert werden. Ziel war es, bis 2020 wieder ein Ergebnisniveau von 2,4 Milliarden Euro zu erreichen. Erneuerbare Energien, Netze und Vertrieb sollten dazu 85 Prozent beitragen und damit die bisherige Rolle des klassischen Erzeugungsgeschäfts als wichtigster Ergebnisträger übernehmen.

Am Ende dieses Umbauprozesses steht eine in hohem Maße nicht nur wettbewerbsstarke und wachstumsorientierte EnBW, sondern vor allem eine veränderungsfähige EnBW als Grundvoraussetzung für zukünftigen Erfolg. »Wir haben in den vergangenen Jahren Veränderungsfähigkeit und Performanceorientierung gelernt und verinnerlicht. Am Ende des

Umbauprozesses unserer Strategie »EnBW 2020« steht ein Unternehmen, das auf die Märkte der Energiewende eingestellt ist und über eine stabile und ausreichende Ertragskraft verfügt, um Zukunftsinvestitionen aus eigener Kraft zu stemmen«, so Frank Mastiaux. Gelingen konnte das aber nur dadurch, dass Führungsteams und Mitarbeiter stets konsequent an einem Strang gezogen haben. Insofern war die Unternehmensstrategie gleichzeitig der Ausgangspunkt für die HR-Strategie, die ebenfalls klare Ziele vor Augen hatte, in welche Richtung es galt, die Belegschaft zu befähigen.

Die wichtigsten Hebel der HR-Verantwortlichen bei der Transformation

Colette Rückert-Hennen kann ihrem Vorstandsvorsitzenden da nur rückhaltlos zustimmen: »Wir haben uns mit diesen klaren Zielvorgaben auch in einem dezidierten, agilen HR-Strategieprozess auseinandergesetzt. Das war übrigens der erste Prozess dieser Art, den ich selbst mitgemacht habe: Verantwortung abgeben und Kollegen empowern, was auch für mich etwas gewöhnungsbedürftig war. Möglicherweise wäre ich beim einen oder anderen Projekt mit einem ähnlichen Ergebnis selbst schneller fertig geworden. Aber ich habe in dieser Zeit etwas Wichtiges erreicht, ich habe nämlich die Personalleiter und andere Experten für diese Themen von vornherein in den HR-Strategieprozess mit eingebunden. Dadurch waren sie schon längst engagiert bei der Sache, als der Aufsichtsrat dann sein Okay für die Umsetzung gegeben hat. Dadurch habe ich sozusagen nach hinten an Geschwindigkeit gewonnen: Ich musste den in den Prozess schon beizeiten eingebundenen Mitarbeitern nicht mehr lange erklären, dass das, was ich mir gerade vom Aufsichtsrat habe genehmigen lassen, eine tolle Sache sei und von ihnen jetzt gefälligst geschmeidig umgesetzt werden solle. Es war ja unser gemeinsames und damit unter allen Beteiligten längst bekanntes Konstrukt.«

Für Colette Rückert-Hennen ist es die entscheidende Erkenntnis aus den bisherigen Transformationserfahrungen im HR-Bereich: »Wir machen den Schlüsselfaktor des Erfolges, nämlich den Menschen und die Führungskräfte, die den Prozess vorantreiben müssen, zum Zentrum der Strategie, und wir überlegen uns, wie wir die Organisation aufbauen, damit die Menschen in ihr erfolgreich ihrer Arbeit nachgehen können. So werden die Menschen zum aktiven und überzeugten Gestalter auch ihrer eigenen Transformation in diesem Prozess.«

Neben der zentralen Aufgabe, alle EnBW-Mitarbeiter in den Transformationsprozess einzubinden und sie dafür fit zu machen, wird das Unternehmen bis 2023 auch rund 4500 neue Mitarbeiter einstellen, da sich ja im Zuge der bisherigen und auch künftigen Transformation eine Reihe von Aufgabenprofilen geändert hat. Um den Bedarf an diesen zusätzlich gewünschten Kompetenzträgern zu ermitteln, hat EnBW zunächst ein Projekt zur strategischen Personalplanung aufgesetzt, um festzustellen, welche Qualifikationen für die neuen Jobs bereits im Unternehmen vorhanden sind und welche Kräfte dafür auf dem Markt angeworben werden müssen. In dieser Analysephase befindet sich EnBW noch bis 2021.

Das heißt nicht zuletzt auch, dass sich EnBW sowohl beim Employer Branding als auch beim Recruiting neu und zeitgemäß aufstellen muss. Sicherheit und ein festes Gehalt sind zwar gerade in Corona-Zeiten wieder ein stärkeres Argument für Interessenten, aber viel wichtiger als früher sind heute für potenzielle Bewerber Entwicklungs- und Karriereaussichten und die Rahmenbedingungen für modernes Arbeiten in einem Unternehmen. Dabei muss auch der Recruiting-Prozess schneller und effektiver gestaltet werden, das heißt, man kann die Kandidaten nach ihrer Bewerbung nicht wie einstmals üblich sechs und mehr Wochen lang auf eine Antwort warten lassen, sondern muss sich von Anfang an intensiv um sie bemühen. Bis hin zum Onboarding, das für die neuen Mitarbeiter als Erlebnis gestaltet werden sollte. Solche Kulturfragen, so Rückert-Hennen, früher als eher vernachlässigenswerte »weiche Faktoren« behandelt, stünden inzwischen zentral für den Erfolg oder Misserfolg der Personalarbeit.

Ein dritter wichtiger Punkt, für Rückert-Hennen ein Herzensanliegen, ist die Qualifizierung@EnBW, die Ausbildung junger Menschen. Nach wie vor arbeiten für EnBW überwiegend Menschen, die in technischen Berufen ausgebildet wurden, die nach wie vor auch sehr gesucht sind auf dem Arbeitsmarkt, wenn sie ihr Diplom etwa für Mechatroniker in Energietechnik in den Händen halten. Aber wer heute seine Ausbildung bei EnBW beginnt, muss sich viel stärker auf eine berufliche Zukunft mit fortschreitender Digitalisierung bis zu Augmented Reality einrichten, was folgerichtig bedeutet, dass auch solche Lerninhalte beizeiten ins Ausbildungsprogramm einbezogen werden müssen. Dazu soll natürlich auch frühzeitig Eigenverantwortung nahegebracht werden. Kurz: Neue Unternehmenskultur verlangt auch nach neuer Lernkultur. Stolz ist Colette Rückert-Hennen daher auf ein neues Ausbildungsprojekt, in dem alle Beteiligten, die Ausbilder, die zum Teil schon 30 Jahre lang bei EnBW in dieser Position tätig sind, mit den Azubis zusammen Hand in Hand neue Arbeits- und Lernformen entwickeln. Dieser neue Ansatz der Ausbildung habe, so Rückert-Hennen, bei den alten und jungen EnBWlern richtiggehend Begeisterung ausgelöst.

Diversität und Vielfalt stehen auch bei EnBW weit oben auf der Agenda der zukünftigen Ausrichtung. In einem international agierenden Unternehmen ist Diversität bei nationaler Herkunft, Geschlecht oder religiöser Ausrichtung fast schon eine Selbstverständlichkeit. Innovation braucht dazu Vielfalt der unterschiedlichen Einflüsse, Ansichten und Perspektiven, mit denen das Neue gedacht und vorangetrieben wird. Zu dieser Diversity-Orientierung gehört bei EnBW übrigens auch, dass die Quote weiblicher Führungskräfte von derzeit 26 Prozent auf jeden Fall erhöht werden soll.

Schließlich ist für Rückert-Hennen auch noch ein weiterer Aspekt wichtig: innovatives Arbeiten und Arbeitskultur. »Darunter verstehen wir einen offenen und konstruktiven Meinungsaustausch, was so viel heißt, dass auch einmal gestritten werden muss, damit wir die besten Lösungen für unsere Kunden erarbeiten können. Ich denke, das muss unsere Organisation auch noch besser lernen, auch einmal um ebendiese besten Lösungen zu ringen, ohne dass sich in diesen Kontroversen jemand persönlich beleidigt zurückzieht.«

Erfolgsfaktoren Penetranz und Durchhaltevermögen

Vorstandschef Frank Mastiaux betont, dass die permanente Anpassungsfähigkeit der EnBW an immer neue Herausforderungen der Kunden und des Wettbewerbs essenziell ist für die Fortentwicklung des ehemaligen reinen Energieversorgers EnBW. Mastiaux' Credo ist: »Statt immer neue, vordergründige und kurzfristige Change-Programme aufzulegen, gehen wir in unserer Businessstrategie den Weg der langfristigen Orientierung, der Konsequenz und des Durchhaltevermögens. Wir haben dabei auch keine Vorbilder oder Blaupausen oder sonstige Orientierungsgrößen aus anderen Branchen, und schon gar nicht aus dem Silicon Valley. Keine der Erfolgsstorys aus anderen Unternehmen ist auf die EnBW anwendbar, weil kein Unternehmen mit dem anderen vergleichbar ist. Nicht nur wir, jedes Unternehmen muss seine eigene Transformationsstory schreiben.«

Fazit: In den vergangenen Jahren hat sich die EnBW in Struktur, Unternehmenskultur und in der Art, Themen anzugehen, radikal verändert und erneuert. Das alles zunächst mit dem Ziel, sich auf die veränderten Rahmenbedingungen der Energiewende in ihrer ersten Phase einzustellen, ein Ziel, das mit dem erfolgreichen Abschluss des Umbaus 2020 erreicht wurde. Frank Mastiaux und seine Vorstandskollegin Colette Rückert-Hennen haben mit dem gesamten Geschäftsführungsgremium auch das nächste Ziel klar im Blick: »Seinerzeit, 2012, sind wir gestartet, um ein großes Problem zu lösen. Mit der jetzigen Wachstumsstrategie EnBW 2025 haben wir eine weitere große Chance, mit neuen Geschäften weiter zu wachsen – und müssen uns dafür nochmals radikal verändern. Wir nennen das »›next level EnBW‹. Es ist eine Initiative, die uns als Organisation, aber auch jeden Mitarbeiter der EnBW persönlich auf ein neues Niveau bringt.«

Colette Rückert-Hennen und Frank Mastiaux sind sich auch darin vollkommen einig: Im Mittelpunkt der Workforce Transformation der EnBW steht der ganz und gar menschenzentrierte Ansatz: den einzelnen Mitarbeiter zum Gestalter und Architekten seiner eigenen Transformation und Weiterentwicklung zu erklären. Wie Digitalisierung die Geschäftsmodelle verändert, ist das eine. Die andere Frage ist: Wie gehe ich als Mitarbeiter persönlich damit um? Will ich mich mit solchen komplizierten Dingen überhaupt noch beschäftigen?

Rückert-Hennen und Mastiaux: »Und da sagen wir: Ja! Weil die Mitarbeiter, und nur sie, bestimmen, wie sie sich weiterentwickeln können. Dabei unterstützen wir sie nach Kräften, denn sie stehen im Zentrum dessen, was wir hier zusammen für unser aller Zukunft erarbeiten wollen. Und dafür sind die Mitarbeiter der Schlüssel des Erfolgs.«

Ohne Workforce Transformation keine Transformation
Fazit

Workforce Transformation – Es gibt viel zu gewinnen

In diesen Zeiten können sich Vorstände in die Annalen ihres Unternehmens schreiben. Wie es Digitalunternehmen als Vorreiter, aber auch viele andere Unternehmen aktuell vorexerzieren und wie wir es auch in diesem Buch beschrieben haben, lassen sich innerhalb kurzer Zeit große Wettbewerbsvorteile erzielen, wenn die Workforce Transformation konsequent angepackt wird. Die Potenziale der neuen digitalen Technologien können in gleicher Weise Beschäftigte von stumpfen Routinetätigkeiten entlasten wie hohe Kostenvorteile erzielen.

Vorstandsvorsitzende erreichen damit eine bessere Strategieumsetzung und größere Wettbewerbsfähigkeit durch die richtigen Mitarbeiter mit den richtigen Qualifikationen. Das klingt banal, aber unserer Schätzung nach schöpft dieses Potenzial maximal ein Viertel aller Unternehmen in Deutschland konsequent aus.

Beschäftigte haben die große Chance, ihre Beschäftigungsfähigkeit weiterzuentwickeln und damit in anspruchsvollere, besser bezahlte Tätigkeiten zu wechseln.

Finanzchefs profitieren von reduzierten Personalkosten, zumal diese je nach Branche und mit Blick auf die DAX-30 zwischen 17 und 55 Prozent des Unternehmensumsatzes liegen.

Personalvorstände bringen sich in die Position des »Transformations-Enablers« im Schulterschluss mit CEO und CFO. Weil HR mit Aufbau und Umbau von Personalstrukturen die Grundlage für neue Produkte, digitalisierte Prozesse usw. schafft.

Gar nicht zu reden davon, dass sie für den häufig größten Einzelkostenblock und den entscheidenden Produktivitätsfaktor im Unternehmen verantwortlich sind. Höchste Zeit also, sich vor Augen zu führen, welche zentrale Gestaltungskraft die Workforce Transformation und HR für das Unternehmen besitzen.

Daraus folgt natürlich unmittelbar, dass es bei Ignoranz der geschilderten Vorteile eine Menge zu verlieren gibt: die Wettbewerbsfähigkeit, die notwendige Digitalisierung, die frühzeitige und vorausschauende Anpassung der Personalstruktur.

Aber wie gelingt sie, die Workforce Transformation?

Wir bei HUMAN haben über viele Jahre genau hingeschaut, um Handlungsempfehlungen für eine umsichtige Umsetzung aussprechen zu können. Unsere Expertise haben wir in über 170 Projekten für mehr als 60 Kunden gewonnen. Dabei haben wir Muster erkannt, haben pilotiert, was funktionieren könnte. Das tun wir früh und nachprüfbar, wir testen verschiedene Maßnahmen, aus denen wir ständig dazulernen. So haben wir verstanden, was in der Praxis wirklich funktioniert. Und wir bleiben flexibel und offen für neue Ansätze, die morgen vielleicht noch besser funktionieren könnten.

Aus all diesen Projekten haben wir zusammen mit unseren Kunden einen dreistufigen Ansatz für die Workforce Transformation entwickelt:

— Planen (ja, das ist auch in diesen VUCA-Zeiten notwendig!),
— Bauen,
— Mobilisieren.

Planen	Bauen	Mobilisieren
UNTERNEHMEN Strategie Technologie Rahmenbedingungen **WORKFORCE** Bestand Status quo Bedarfe Strategieeffekte Substituierbarkeit	**AUFBAU** »4B«: Build, Buy, Borrow, Bot **UMBAU** Re- und Upskilling **ABBAU** Freeze Downsize Way to	**ÄUSSERE TRANSFORMATIONS BESCHLEUNIGER** Kein Change-Programm! Verhältnisse ändern Verhalten **INNERE TRANSFORMATIONS BESCHLEUNIGER** Purpose Führung Konsequenz

Elemente und Ablauf der Workforce Transformation

1. Planen: Wo wollen wir hin, und wen brauchen wir dafür?

Dazu müssen zunächst drei wesentliche Einflussfaktoren in der Tiefe verstanden werden, die auf die zukünftige Personalstruktur wirken:

— Unternehmensziele und -strategie, also wie sich Produktportfolio, Wertschöpfung, Leistungserbringung etc. entlang des strategischen Zeithorizonts verändern werden.

— Technologien, die einerseits das Geschäftsmodell und die Produkte verändern und andererseits die Unternehmensprozesse und das Betriebsmodell.
— Rahmenbedingungen wie gesellschaftliche Entwicklungen und der rechtliche Rahmen.

Im nächsten Schritt schauen wir dann, was das konkret für die aktuelle und zukünftige Workforce bedeutet:

— *Status quo analysieren:* Wen haben wir heute an Bord? Mit welchen Kompetenzen, in welcher Kapazität, zu welchen Kosten und in welcher Komposition? Das nennen wir die »4K«.
— *Strategieauswirkungen ableiten:* Wie wirken die einzelnen strategischen Initiativen auf Bereiche und Funktionscluster? Welche Bereiche müssen wachsen? Wo brauchen wir neue Befähigungen? Wo haben wir Lücken, wo Überkapazitäten?
— *Substituierbarkeitspotenzial definieren:* Welche Tätigkeiten und Funktionen werden zukünftig durch Technologie ergänzt oder ersetzt? In welchem Umfang? Ab wann? Zu welchen Kosten? Was sind mögliche Marksteine in der Umsetzung?

Das Instrument, das diese Analysen erstellt, nennt sich Strategic Workforce Planning, auf Deutsch **Strategische Personalplanung**. Ein erprobter Ansatz, der heute allerdings agil-iterativ, szenariobasiert und toolunterstützt umgesetzt werden muss, um den vollen Wertbeitrag zu realisieren. Getrieben wird diese Analyse gemeinsam von HR, Finanzverantwortlichen und operativem Management.

Am Ende erhalten wir ein differenziertes Bild unserer »Future Workforce«. Wir wissen, welche Anzahl an Mitarbeitern wir in welchen Bereichen brauchen (Kapazität), welche Fähigkeiten und Skills sie mitbringen müssen (Kompetenzen), in welcher Zusammensetzung, zum Beispiel an welchem Standort, in welchem Geschlechter- und Altersmix, aber auch mit welchem Anteil an Freelancern (Komposition) und wie sich das Ganze auf den Personalaufwand auswirken wird (Kosten). Im Ergebnis erzeugen wir so ein gemeinsames Bild davon, welche Menschen das Unternehmen in den kommenden fünf bis zehn Jahren braucht, um die Unternehmensziele zu erreichen.

2. Bauen: Erkenntnis ist das eine, Umsetzung das Entscheidendere

Was machen wir jetzt also mit unserem guten Plan? Wie kommen wir jetzt vom Status quo zu unserer »Future Workforce«? Wie schließen wir die Lücken in unserer Workforce und heben das Automatisierungspotenzial? Um im Bild des »Bauens« zu bleiben, sprechen wir von drei Instrumenten zur Future Workforce: dem Aufbau, dem Umbau oder auch dem Abbau. Im **Aufbau** suchen wir nach neuen Arbeitskräften und neuen Kompetenzen, die wir nur von extern ins Unternehmen holen können. Wir machen das nach einem Grundsatz, den wir »4B« nennen. Wir fragen uns bei jedem Aufbau,

— können wir ihn aus den eigenen Reihen stemmen (**B**uild),
— falls nicht, müssen wir ihn extern rekrutieren (**B**uy),

— ist der Aufbau dauerhaft oder temporär? (**B**orrow),
— oder kann eine Technologie diese Tätigkeit übernehmen (**B**ot)?
— Es wird für Unternehmen darum gehen, »Talent-Ökosysteme« zu bauen, die aus klassischen Festanstellungen bestehen und aus freieren Beschäftigungsformen. Warum? Weil sich Top-Talente häufig nicht in feste Hierarchiegefüge pressen lassen und weil sich benötigte Tätigkeiten immer schneller ändern.

Ein kurzer Einschub zum »Instrument« **B**orrow:
Dazu gehören zum Beispiel Freelancer. In den USA sind es schon heute 50 Prozent der Beschäftigten, die ohne klassische Festanstellung ihre Arbeitsleistung erbringen. Und es ist kein ausschließliches Phänomen des liberalen US-Arbeitsmarkts. Auch in Deutschland wächst die Anzahl der Unternehmen, die Freelancer als substanziellen Bestandteil ihrer Workforce betrachten. Auf dem hiesigen Arbeitnehmermarkt mit den veränderten Bedürfnissen der Menschen nach mehr Flexibilität sowie nach spannenden und sinnvollen und auch immer wieder neuen Aufgaben dürfte sich diese Form des Arbeitens weiterhin zunehmend durchsetzen.
Crowdsourcing: Das hört sich vielleicht im Zusammenhang mit »Borrow« ungewöhnlich an, aber die »Intelligenz der Massen« ist schon heute fester Bestandteil des Softwaretestens von IT-Unternehmen. Eine neue Software wird Millionen interessierter User zum Ausprobieren zur Verfügung gestellt, um aus ihren Erfahrungen zu lernen. Crowdsourcing ersetzt damit in nicht unwesentlichem Maße festangestellte Softwareentwickler oder einzelne darauf spezialisierte Dienstleister.

Unternehmenspartnerschaften: Aldi und McDonald's haben es in der Corona-Krise während des Lockdowns für gastronomische Betriebe vorgemacht, wie Personalaustausch funktioniert. In dieser Krise unbeschäftigte McDonald's-Angestellte haben bei Aldi geholfen, die Regale einzuräumen. Kooperation zwischen Unternehmen kann also gelingen, wie auch die Automobilhersteller beispielsweise beim Mobilitätsanbieter Free Now zeigen. Solche Entwicklungen werden sicher auch den Talentemarkt, auf dem Unternehmen Arbeitskräfte rekrutieren, beeinflussen.

Im erforderlichen **Umbau** der Personalstruktur steckt sicher die noch größere Herausforderung und Chance zugleich. Im Kern geht es um die Frage: Wen müssen wir »reskillen«, also umqualifizieren? Dass sie fast alle Beschäftigten »upskillen« muss, darin ist sich fast die gesamte deutsche Wirtschaft einig.

Die Floskel vom »lebenslangen Lernen« geistert schon seit vielen Jahren durch die öffentlichen Bekundungen, wie notwendig das geworden sei. Aber jetzt erst ist überdeutlich geworden, wie essenziell notwendig und wichtig die Beherzigung dieser Devise ist, um tatsächlich die Not mangelnder Anpassungsfähigkeit und versäumter Personalplanung abzuwenden. Wie schnell und nachhaltig Unternehmen neue Fähigkeiten aufzubauen in der Lage sind, das ist zentral entscheidend für ihre Adaptionsfähigkeit und damit Wettbewerbsfähigkeit, wenn nicht gar Überlebensfähigkeit. Das ist inzwischen teilweise erkannt worden.

So bietet Weiterbildung für neue Aufgaben gute Chancen, Transferpotenziale zu realisieren. Indem zum Beispiel auf Verbrennungsmotoren spezialisierte Ingenieure zu Ingenieuren für die Elektromobilität umqualifiziert werden. So vermeiden wir Personalabbau und Neueinstellungen, die gegenüber dem Umbau des vorhandenen Qualifikationspools in der Regel viel teurer zu stehen kommen.

So ist auch Oliver Maassen, Personalchef von Trumpf in Ditzingen, davon überzeugt: »Wir brauchen hundert Prozent Upskilling unserer Mitarbeiter und Mitarbeiterinnen.« In dieses Horn stoßen fast alle Vorstandschefs, Personalverantwortlichen und alle anderen, die sich mit dem Thema Transformation beschäftigen.

Upskilling bedeutet, selektiv angestammte Kompetenzen zu ergänzen: Basisverständnis der neuen Technologien vermitteln, Potenziale der Digitalisierung identifizieren können, Mitarbeiter zu vernetzten Datenverstehern weiterbilden zum Beispiel. Aber vor allem bedeutet es auch, überfachliche Qualifikationen wie agile (Arbeits-)Methoden anwenden zu können, die Überzeugung von der Notwendigkeit des lebenslangen Lernens in jedem Mitarbeiter, in jeder Mitarbeiterin zu verankern, Beschäftigte mit der Arbeit in virtuellen (Projekt-)Teams vertraut zu machen. Und gerade jetzt besteht die Möglichkeit, alle diese Thematiken bevorzugt anzugehen, etwa in kurzen, fokussierten Upskilling-Trainingseinheiten.

Reskilling und Upskilling funktionieren am besten mit einer neuen Art des Lernens. Das heißt, Unternehmen sollten ein umfassendes und gleichzeitig anpassungsfähiges Lernökosystem aufbauen. Das sollte gekennzeichnet sein durch »Erfahrbarmachung«, wodurch Mitarbeiter wirklich an ihren neuen Arbeitsplätzen erleben können, wie sich ein neuer Job, auf den hin sie qualifiziert werden, tatsächlich anfühlt: Was ändert sich an meinem Job, was ist neu, was kommt auf mich zu?

Lernen wird dadurch integriert in die täglichen Routinen unter Nutzung neuer Formate. Wie wir in diesem Buch gesehen haben, nutzt etwa Bertelsmann mit Udacity eine spezielle App oder die Telekom eine Netflix-ähnliche Plattform, wodurch das Interesse der Mitarbeiter an ihrer Weiterbildung signifikant gestiegen ist.

Ein weiteres interessantes Beispiel bietet auch einer der weltgrößten Büromöbelhersteller, nämlich Steelcase. Das Unternehmen hat mit Loop eine interne »Gig-Working-Plattform« geschaffen, auf der sich jeder Mitarbeiter auf Projekte jenseits seines Jobs bewerben kann. Und das zum Vorteil sowohl des Unternehmens als auch der Mitarbeiter. Steelcase kann so auf neue Bedarfe schnell reagieren. Mitarbeiter sammeln neue Erfahrungen, bringen neue Perspektiven ein, entwickeln neue Fähigkeiten. Steelcase: »If you give people the opportunity to learn something new or to show their craft, they will give you their best work. The magic is in providing the opportunity.« Kurz: Neue Möglichkeiten bieten allen Beteiligten neue Chancen. Übrigens erledigt bei Steelcase ein Algorithmus das Matchmaking zwischen Mitarbeiterprofil und Projekt und auch das Update nach den beiderseitig gemachten Projekterfahrungen. Daraus sollte man auch schlussfolgern, dass Karrierewege zukünftig jenseits von Fach- und Abteilungssilos und dazu viel individueller gestaltet werden müssen. Nicht laufbahnorientiert, sondern fähigkeitenzentriert.

Im **Abbau** haben die HR-Abteilungen spätestens in der Finanzkrise 2009 einen inzwischen etablierten Instrumentenkasten entwickelt. In erster Linie durch das Einfrieren nicht mehr benötigter frei werdender Stellen, die vor allem durch den Wechsel von Beschäftigten in den Ruhestand entstehen. Nicht nur tiefgreifende Krisen, auch Transformationsprozesse werden sich nicht ganz ohne den Abbau von Beschäftigten meistern lassen.

Doch auch für diesen immer wieder auch nötigen Personalabbau lassen sich interessantere und vielleicht auch intelligentere Wege finden. Ein bemerkenswertes Beispiel bietet die niederländische ING-Bank. Als die ING 2014 begonnen hatte, ihr altes Geschäftsmodell komplett neu in Richtung digitaler Möglichkeiten des Bankings zu konfigurieren, und dabei fast keinen Stein auf dem anderen ließ, war dafür auch der Abbau von rund einem Drittel aller Beschäftigten notwendig. Aber die ING griff dafür nicht zur üblichen Kündigung für die Mitarbeiter, die nach einer Vorauswahl gehen sollten. Das ist für jede Organisation stets eine traumatische Erfahrung und wäre es auch für die ING gewesen. Stattdessen wurden sämtliche Mitarbeiter gebeten, von ihren Jobs zurückzutreten, also selbst ihre Kündigung einzureichen. Diejenigen, die sich dann mit der neuen Bank und ihrem neuen Geschäftsmodell identifizieren konnten, deren Mission mittragen und ihre Fähigkeiten einbringen wollten, um die ING-Bank in ihrer neuen Ausrichtung zu unterstützen, sollten sich neu bewerben. Das beherzigte übrigens auch der damalige ING-Vorstandschef Vincent van den Boogert für sich selbst. Mitarbeitern, die keine Neueinstellung erfuhren, wurden dann Outplacement-Programme angeboten, um außerhalb der ING neue Arbeitsmöglichkeiten zu finden.

Wie auch immer ein Unternehmen den Umbau oder Abbau bewerkstelligen will, am wichtigsten ist – man kann es gar nicht oft genug betonen – die frühzeitige Kooperation mit den Sozialpartnern, also Betriebs- und Personalräten. Ihnen kommen zwei wesentliche Aufgaben zu: erstens als Sparringspartner für den Transformationsplan und zweitens als Multiplikatoren in die Organisation hinein.

3. Mobilisieren: Aber bitte kein Change-Programm

Verhältnisse ändern Verhalten! Eine erfolgreiche Workforce Transformation gelingt nur dann, wenn sie sowohl äußere als auch innere Veränderungen bewirkt. Die aus der Vergangenheit sattsam bekannten »Change-Programme« haben erfahrungsgemäß kaum nennenswerte Resultate gezeigt, sondern Organisationen durcheinandergewirbelt und bei den Beschäftigten schon fast allergische Reaktionen ausgelöst. Vielmehr gilt es, den Grundsatz zu beherzigen, dass erst veränderte Verhältnisse verändertes Verhalten ermöglichen. Oder anders: Erst kommt das Wollen, dann das Können, dann das Sollen, dann das Dürfen.

Die *äußeren Transformationsbeschleuniger* beinhalten ein neues Arbeitsumfeld, das automatisch mit neuen Jobs einhergeht, häufig zeitlich und örtlich flexibel, und das, wo möglich, mit neuen Tools unterstützt, die das Leben der Mitarbeiter erleichtern. Zudem muss sich der HR-Instrumentenkasten weiträumig anpassen, von der Rekrutierung (wie wir das etwa am Beispiel Merck gesehen haben) über Anreizsysteme und Performance-Management über neue Organisationsstrukturen bis hin zur Governance und neuen Führungsqualitäten.

Als *innere Transformationsbeschleuniger* wirken nicht nur die neuen Fähigkeiten, die Mitarbeiter erwerben, sondern allen voran auch ein eindeutiges »Warum« der Transformation. Daran bemisst sich neue Führungsqualität. Mitarbeiter auf neue Wege mitzunehmen bedeutet Ansagen dieser Art: »Wir haben ein Problem ..., das uns alle betrifft, weil ..., wir müssen jetzt handeln, sonst ..., aber wir können ... gewinnen, ganz konkret profitieren die Mitarbeiter von ..., wir machen es nur gemeinsam, das heißt auch und insbesondere unter Beteiligung der Sozialpartner ..., als Nächstes werden wir ...« Führung muss also empathischer, unmittelbarer werden und so jedem Einzelnen im Unternehmen Orientierung und Perspektive geben. Menschen wollen gesehen werden nach dem Motto: Ich sehe dich, ich höre dich. Deshalb ist eine solche Zwei-Wege-Kommunikation essenziell.

Nicht zuletzt ist es unerschütterliche Konsequenz, unbeeinflusst von den weit verbreiteten unternehmenspolitischen Ränkespielen, die über das Gelingen der Workforce Transformation entscheidet. Konsequenz heißt in erster Linie, dass der Vorstandsvorsitzende diesen Transformationswillen geradezu verkörpert, vorlebt und beständig kommuniziert. Dass Veränderungsprozesse »von oben« rückhaltlos vorgelebt werden müssen, ist nach dem Grundwissen der Managementlehre schon ein alter Hut. Aber dieser vermeintlich alte Hut war noch nie so »en vogue« wie in diesen disruptiven Zeiten, in denen alle Signale auf Transformation stehen. Und last, but not least braucht es ein sehr diszipliniertes, messbares Programm-Management und -Manager mit Schulterklappen, die es operativ treiben. »So läuft doch jedes unserer Projekte«, werden Sie sagen. Unsere Erfahrung zeigt: »Das wäre schön.«

Ein Appell zum Schluss: Wenn Sie Ihre Workforce jetzt nicht transformieren, transformiert sich Ihr Unternehmen nicht – und Sie erleben auch dessen Zukunft nicht mehr

Wir hören das seit dem Ausbruch der Corona-Pandemie ständig von Politikern oder von Virologen: Es sei fünf vor zwölf, wir müssten noch mehr unternehmen, um die Gefahr weiterer Ansteckungen einzudämmen. Aber das gilt nicht nur für die Bekämpfung eines Virus, sondern auch für die Bekämpfung einer gefährlichen Nachlässigkeit in vielen Unternehmen, ihre Überlebensfähigkeit in Zeiten der Disruption zu sichern. Auch da steht die Uhr bei vielen auf mindestens fünf vor zwölf, wenn nicht schon später.

Doch klar sollte inzwischen geworden sein, dass keine Transformationsstrategie eines Unternehmens ohne begleitende Workforce Transformation gelingen kann. Genau jetzt ist die Zeit gekommen, und genau jetzt eröffnen sich unzählige neue Chancen, sich durch eine auf die Zukunft ausgerichtete Personalstruktur Wettbewerbsvorteile zu sichern. Für viele Unternehmen gilt eben jetzt, was der Rennfahrer Ayrton Senna einmal gesagt hat: »You can not overtake 15 cars in sunny weather … but you can when it's raining.« Das gleicht einem Mahnruf, der nicht ungehört verhallen sollte, denn derzeit regnet es ohne Unterlass. Klar ist ebenso: Wer jetzt seine Personalstrukturen nicht umbaut, ist in spätestens zwei Jahren nicht mehr wettbewerbsfähig. Denken Sie an Microsoft-Chef Nadella, der im Vorwort gesagt hat: »Wir haben in zwei Monaten zwei Jahre digitaler Transformation erlebt.« Will heißen: Zwei Jahre könnten auch im Zuge der schon erlebten rasanten Beschleunigung durch die Corona-Epidemie sogar auf nur zwei Monate schrumpfen.

Wir alle, die wir an diesem Buch mitgewirkt haben, können Sie nur ermutigen, so schnell wie möglich loszulegen. Nicht alles muss für einen Start in Ihre Workforce Transformation erst hundertprozentig geplant, von allen und jedem abgesegnet und in Strategiepapieren festgezurrt sein, wie es die gute deutsche Gründlichkeit verlangt. Mut zur Lücke! Wie gesagt: In zwei Monaten schon könnten zwei Jahre vergangen sein. »Done is better than perfect.« Mit dem Wunsch, nur eine erstklassige Arbeit abzuliefern, bremsen wir uns oftmals selbst aus.

Wenn Sie mögen, treten Sie gerne mit mir in den Dialog (bvk@human.consulting), wenn Sie sich ermutigt und angeregt fühlen und wenn Sie noch eingehendere Fragen haben.

Als erste Schritte empfehle ich: Verschaffen Sie sich einen Überblick über das, was auf Ihr Unternehmen zukommt oder zukommen könnte. Starten Sie eine Diskussion mit Ihrer Belegschaft, mit Ihrem Vorstand oder Aufsichtsrat, was ein bis zwei Stunden benötigt. Erstellen Sie eine erste kurze Analyse zu Automatisierungspotenzialen in Ihrem Unternehmen, was in ein bis zwei Tagen zu erledigen sein dürfte. Pilotieren Sie Strategic Workforce Planning, wofür erfahrungsgemäß vier bis sechs Wochen ausreichen.

Es gibt viel zu gewinnen, insbesondere für diejenigen, die diese – immer knapper werdende – Zeit nutzen.

Ich hoffe, Sie haben aus diesem Buch eine Reihe neuer Erkenntnisse gewonnen. Erkenntnisse führen gewöhnlich zu einem veränderten Standpunkt, einer neuen Haltung. Und daraus sollte sich schließlich ein Imperativ zur tatkräftigen Umsetzung dieser neuen Erkenntnisse in Aktion ableiten lassen.

Zum Schluss ein Anfang.

Gemeinsam schaffen wir das! Mindestens vier Unternehmen, wie Sie gelesen haben, sind schon mittendrin in der Umsetzung solcher Erkenntnisse.

Danksagung

Dank an die Co-Autoren Birgit Bohle, Simone Menne, Colette Rückert-Hennen, Dietmar Eidens, Dr. Immanuel Hermreck und Dr. Frank Mastiaux für die interessanten Gespräche und die Einblicke in den Transformationsprozess Ihrer Unternehmen. Ohne Ihre Mitwirkung würden wir dieses Buch heute nicht in Händen halten!
Dank an den Murmann Verlag, namentlich Dagmar Deckstein, Peter Felixberger und Lukas Schmitt für Begleitung und Unterstützung in allen Phasen der Entstehung dieses Buches. Zusammen-Arbeit im besten Sinne!
Dank an unsere Kunden – ohne Sie wäre dieses Buch nicht möglich gewesen. Sie haben uns durch die gemeinsamen Projekte die Möglichkeit gegeben, ständig zu neuen Erkenntnissen zu kommen und unsere Expertise zu erweitern. In manchen Fragestellungen haben wir zusammen Neuland betreten und sind zu unerwarteten Lösungen gekommen. Und Dank an meine Kollegen bei HUMAN. In jedem Projekt seid Ihr es, die neue Perspektiven in die Workforce Transformation einbringen und unsere Ansätze verproben. So habt Ihr zur Substanz dieses Buches beigetragen.
Dank an die Familie und Freunde, dass Ihr immer ein offenes Herz und Ohr habt für die Themen, die mich umtreiben: Wie kommt das Neue in die Welt? Dank gilt Benita für Deine Inspiration, ausdauernde Unterstützung und Ermutigung das Ziel immer vor Augen zu halten. Dank gilt Jürgen für unermüdlichen Rückhalt, Austausch und gemeinsames Gipfel stür-

men. Dank gilt Hans Georg für das Sparringspartner sein und für den Untertitel dieses Buches – treffender könnte er nicht sein!

Zum guten Schluss: Dank an Sie, die Leserinnen und Leser dieses Buches. Sie haben sich mit uns auf eine Reise in das Gebiet der Workforce Transformation begeben, wo noch nicht alle Wege erschlossen und alle Bereiche kartographiert sind. Wir wertschätzen Ihren Mut, Ihren Einsatz und Ihre Beharrlichkeit, die Zukunft Ihres Unternehmens so entscheidend mit zu gestalten!

Zum Ausgleich für die entstandene CO_2-Emission bei der Produktion dieses Buches unterstützen wir die Erhaltung und Wiederaufforstung des Kibale-Nationalparks in Uganda. Das Projekt trägt zum Klimaschutz bei, indem die Bäume bei der Fotosynthese Kohlenstoff aus der Luft binden, es schützt die Biodiversität des tropischen Waldes und sichert 260 Arbeitsplätze.

Bibliografische Information der Deutschen Nationalbibliothek
Die Deutsche Nationalbibliothek verzeichnet diese Publikation in der Deutschen Nationalbibliografie; detaillierte bibliografische Daten sind im Internet über http://dnb.d-nb.de abrufbar.

Das Werk einschließlich aller seiner Teile ist urheberrechtlich geschützt. Jede Verwertung ist ohne Zustimmung des Verlages unzulässig. Das gilt insbesondere für Vervielfältigungen, Übersetzungen, Mikroverfilmungen und die Einspeicherung und Verarbeitung in elektronischen Systemen.

Der Verlag weist ausdrücklich darauf hin, dass er, sofern dieses Buch externe Links enthält, diese nur bis zum Zeitpunkt der Buchveröffentlichung einsehen konnte. Auf spätere Veränderungen hat der Verlag keinerlei Einfluss. Eine Haftung des Verlags ist daher ausgeschlossen.

Copyright © 2021 Murmann Publishers GmbH, Hamburg

Redaktionelle Mitarbeit: Dagmar Deckstein, Filderstadt
Druck und Bindung: Kösel GmbH & Co. KG, Altusried
Printed in Germany

ISBN 978-3-86774-669-4

Besuchen Sie unseren Webshop: www.murmann-verlag.de
Ihre Meinung zu diesem Buch interessiert uns!
Zuschriften bitte an info@murmann-publishers.de
Den Newsletter des Murmann Verlages können Sie anfordern unter newsletter@murmann-publishers.de